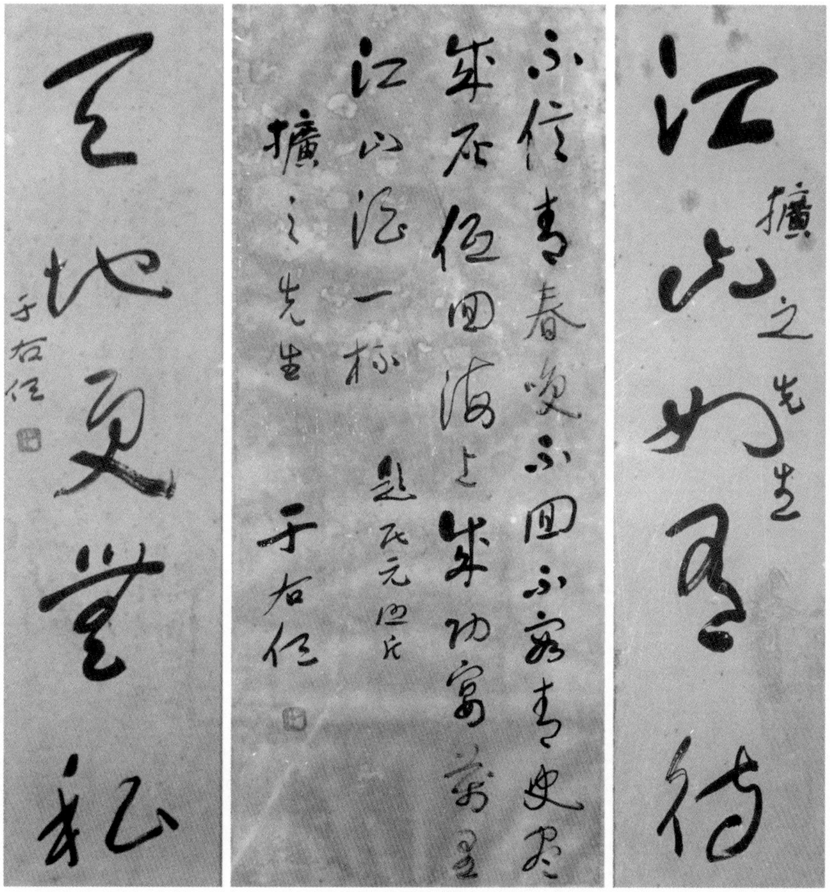

# 田黄形成机制及其上品与书画艺术品鉴赏

林振山　林嘉木　著

南京师范大学出版社
NANJING NORMAL UNIVERSITY PRESS

**图书在版编目(CIP)数据**

田黄形成机制及其上品与书画艺术品鉴赏 / 林振山，林嘉木著.—南京：南京师范大学出版社，2014.1
ISBN 978-7-5651-1596-7

Ⅰ. ①田… Ⅱ. ①林… ②林… Ⅲ. ①寿山石—研究②汉字—书法—作品集—中国③中国画—作品集—中国 Ⅳ. ①TS933.21②J222

中国版本图书馆CIP数据核字(2013)第258670号

|  |  |
|---|---|
| **书　　名** | 田黄形成机制及其上品与书画艺术品鉴赏 |
| **作　　者** | 林振山　林嘉木 |
| **责任编辑** | 倪晨娟 |
| **出版发行** | 南京师范大学出版社 |
| **地　　址** | 江苏省南京市宁海路122号(邮编：210097) |
| **电　　话** | (025)83598919(总编办)　83598712(营销部)　83598297(邮购部) |
| **网　　址** | http://www.njnup.com |
| **电子信箱** | nspzbb@163.com |
| **照　　排** | 南京凯建图文制作有限公司 |
| **印　　刷** | 南京爱德印刷有限公司 |
| **开　　本** | 787毫米×1092毫米　1/12 |
| **印　　张** | 10 |
| **字　　数** | 144千 |
| **版　　次** | 2014年1月第1版　2014年1月第1次印刷 |
| **书　　号** | ISBN 978-7-5651-1596-7 |
| **定　　价** | 88.00元 |

**出 版 人**　彭志斌

# 内容简介

本书由理论研究和珍品鉴赏两大部分组成。在理论研究部分，对田黄形成的地质成因及机制进行了深入的研究，提出了上品田黄鉴定的六大原则，构建了为大众服务的上品田黄鉴定体系。在鉴赏部分，展示了历经四代近百年历史的“振山收藏”田黄原石馆所收藏的80余枚珍品、极品，几乎涵盖所有的田黄品种。此外，为满足广大收藏家对书画收藏领域的鉴赏需要，分别从“振山收藏”的书法馆、国画馆里精心挑选了60余件藏品。相信广大读者会喜欢的。

本书观点新颖独特，论述深刻透彻，藏品品种齐全，美轮美奂。可供广大艺术品、杂项的爱好者、收藏者及商家阅读欣赏，也可作为珠宝专业和艺术品鉴赏专业学生的参考书。

# 作者简介

林振山，男，汉族，1955年7月出生。田黄原石鉴藏家，家族收藏——振山收藏掌门人。北京大学地球物理系博士，美国UNM博士后。1988—1991年北京大学助教，1991年南京大学讲师，1992年9月南京大学破格副教授，1993年12月南京大学破格教授。这在南京大学是空前绝后的，是当时全国大气科学界最年轻、也是唯一一位40岁以下的正教授。1994年1月至2001年3月任南京大学教授、博士生导师，享受国务院政府津贴。1996年8月至2001年2月在美国SUNY、UNM大学任教授和建模实验室副主任。2001年3月回国后受聘南京师范大学特聘教授、地学二级教授。2002年4月至2012年12月任南京师范大学地理科学学院院长。1995年入选国家教育部“跨世纪优秀人才”。现任江苏省环境演变和生态建设重点实验室主任、教育部高职高专环境与气象类教学指导委员会主任、中国湿地保护专业委员会主任、计量地理专业委员会副主任、中国统计气候委员会副主任、江苏省地理学会副理事长。已主持国家“973”项目专题、国家攻关重中之重项目子课题等国家级课题10多项，有关成果2002年获教育部中国高校科学技术奖自然科学奖二等奖（排名第一）、2004年获教育部提名国家科学技术奖自然科学奖一等奖（排名第一）、2007年获教育部中国高校科学技术奖自然科学奖二等奖（排名第一）。已出版著作10部，发表国际SCI级学术期刊论文近40篇、在《地球物理学报》《地理学报》等国家一级（学会）权威性学术期刊上发表论文60余篇，有关论文被引用2 000多篇次。

# “振山收藏”简介

“振山收藏”是一家族收藏，其前身是“鹤山收藏”，那是90年前的事。

鹤山是我老家福建省仙游县东郊的一座名山。我的大爷爷（爷爷的哥哥）出生在那里，自号鹤山山人。仙游有句妇孺皆知的歌谣：鹤山才爷，潭边财公。说的是仙游数一数二的两大巨富。“才”是我大爷爷的名讳，而潭边乡的“财公”则是我的外公。出身书香门第的祖父在老家仙游曾是富甲一方的工商界领袖，开明绅士，解放前为民国的模范县工商会长，解放后则为共和国的县工商联主席。中央大学毕业，深受蒋经国先生器重的二伯林雄車先生则是民国福建省党部高官，解放后与其表内兄黄维中将一起进了共产党的班房。家严林兆坤先生解放前曾是福建省地下党负责学运的副部长，有国民党高官的亲哥哥的通风报信，有惊无险。解放后，虽躲避共产党的抓捕（南下部队认为地下党不纯），保住了一条命，但历次运动，父亲都是当之无愧的“明星”，遭遇比二伯父还惨。感谢胡耀邦先生，1978年父亲获得平反，补发了巨额工资，全县轰动。次日仅给大哥500元作为结婚费用，余下全部交了党费，更成为街头小巷、饭后茶余津津乐道的谈资。从此，人人喊打的“臭五类分子”成为人人敬而远之的“林老”，世态炎凉可见一斑。父亲从此堂皇地以老“布尔什维克”自居、自律，不问人间世事，“不食人间烟火”，闭门研究几何学和1 800年前张仲景撰写的《伤寒杂病论》（《伤寒论》）。

民国时期，“鹤山收藏”的藏品在闽东南和广州、上海是声名远播的。大爷爷酷爱金石，喜欢亲自解田黄石、制章，终身未娶，用毕生的精力创办、经营“鹤山收藏”。主营田黄、牙雕、字画、陶瓷和青铜器。然谋事在人，成事在天。解放前的兵荒马乱，解放后的运动不止，让我的大爷爷隔三差五就得受一次致命的打击。至1969年，84岁高龄的大爷爷已骨瘦如柴，命悬一线。

"文革"期间不仅好人有工农兵之分，坏人也分九等（类）：地、富、反、坏、右、叛徒、特务、走资派和臭老九。我们林家占了八类，唯富农不沾边（因为评了地主就不能评富农了）。至1969年，我家前后被抄十二次，挖地三尺数遍，揭瓦数茬。我家十分"荣幸"地成为各单位、各学校、各派的红卫兵抄家的首选。记得1966年9月9日大爷爷生日的那天，一中、二中的红派（战斗队，造反派）和黑派（东海红卫兵，保守派）的红卫兵都争先恐后地聚集在我家大门口，要不是家严分别把他们带到三个不同的楼房，大有大打出手的可能。

自1968年初开办牛鬼蛇神"学习班"和下半年开始"知识青年上山下乡运动"至1969年3月，我们林家三代23口人，或进班房、或进学习班，或上山、或下乡，仅余大爷爷、爷爷、奶奶和我（留城照顾对象）四口人留在城里，老的老，少的少（我14岁），病的病，残的残，好不凄凉！我78岁的小脚奶奶被红卫兵打断大腿，浑身4处骨折，求医无门，痛不欲生。而有心脏病的爷爷和老迈体衰的大爷爷一起基本是卧床不起的。为了活下去，我每天一大早就赶到离家4公里的将军山，或砍些柴火卖给邻居，或挖点对边莲、七叶一枝花等蛇药或黄栀子、野麦冬等其他药材卖给药店，或到乡下卖些蔬菜（当时农村可以买卖蔬菜），赚得几毛钱。下午四五点再赶回家做饭给三位老人吃（当时我们一天只吃两顿饭），精心伺候三位老人，喂水喂饭，擦身洗衣。每当夜深人静时，因无力与命运女神抗争而无比自卑的我，经常情不自禁地嚎啕大哭。这时，爷爷总是苦口婆心地劝我要振作、要抓紧时间自学，"天将降大任于斯人也，必先苦其心志，劳其筋骨，饿其体肤，空乏其身……""学好数理化，走遍天下都不怕"，这深深地刺痛了我内心的伤疤。历来成绩名列前茅的我，高小还没读，就被扫地出门整整4年了，邻居五岁的小女孩都敢用石头砸我这个"地主孙""小反革命""右派仔"！然而，爷爷却异常坚定地说："你一定会上大学的，你不仅会上北京大学，还会留洋美国读博士！"此时，我的大爷爷一定在旁边帮腔："你还会光大我们林家的'鹤山收藏'！"而我的奶奶则用没骨折的左手摸摸我的脑袋说："我入土以后，会保佑你长大一定像大爷爷、爷爷那样发大财的，你的儿子会像你一样孝顺的。"20年后，我不仅成为北京大学的博士、助教，还成为美国的博士后、教授，如今所拥有的事业，对当时的我来说岂是用"南柯一梦"所敢比拟的！但对三位曾在天堂与地狱之间来回多次、洞穿人间的老人来说，如同明日的计划就在眼前。在爷爷和大爷爷去世前的八个月（两位老人都是在1969年9月去世的），我爷爷每天教我一小时左右的代数、几何、物理和化学，从不间断。在精神好的时候，大爷爷则变戏法似的今天拿个象牙笔筒教我看象牙横截面的交叉纹(利兹纹)和“笑”(老象牙的裂纹),明天拿个西周的青铜器的“尊”教我:看“蛀眼”,听闷声,掂手感,查范线、垫片,要我牢记“红斑绿锈,水银地麻布纹”(青铜镜的鉴定口诀)。印象最深刻的是老人去世前的一个月,老人家用颤巍巍干枯的双手拿了一枚民国早期在长春从太监那里用金条换来的田黄原石教我看“萝卜纹”和“格”。他让我捡几个鹅卵石与田黄原石一起用温水洗了擦、擦了洗,五六遍后放在电灯下烘干,再让我比较两者的不同:鹅卵石又白(石头的瓦砾性)、又燥、又干,而田黄原石则温润如初,不白、不干、不燥。他很神秘地告诉我:“这个方法有人曾经出过一条金条的大代价,我都不传,今天正式传给你。”在“全国宝石和宝石学2010年学术年会”上,我做大会特邀报告“基于大众的上品田黄鉴定方法”,首次将林家收藏田黄的秘笈“地开丫纹洗不白,闭绺独石残薄皮”公布于世,造福藏家、石友,引起巨大反响。该文已全文发表在国家核心学术期刊、宝石与宝石学最权威的学术期刊《宝石和宝石学杂志》〔基于大众的上品田黄鉴定方法.2011,13(3):57~61〕。

在大爷爷去世前的三天,他拉着我的手,用期待的眼神看着我说(几乎是请求):“等待时机,你一定要光大鹤山收藏!”并当着我父亲和我两位大伯的面立下遗书,让我担任第三代的“鹤山收藏”掌门人,林家任何人不得过问、干预。是年,我14岁,是林家第三代最小的幺孙,排行(男丁)老十。

弹指间44年过去了,鹤山收藏在血与火的洗礼中,如同凤凰涅槃般地获得新生——“振山收藏”已小有所成,共设十大系列:田黄—鸡血石馆、软玉—硬玉馆、软宝石—宝石馆、雨花石馆、化石—矿石馆、牙雕馆、书法馆、国画馆、陶瓷馆、青铜器馆十大收藏系列,并延续鹤山收藏血脉,以田黄—鸡血石、牙雕、书法、国画和青铜器五大系列为主收藏。

感谢邓小平先生,余于1977年考上大学,有幸成为“文革”之后第一届的大学生。无论是读书、做学问,还是科研、收藏,都出奇地顺风顺水,几无坎坷挫折。我知道,那是大爷爷、爷爷、奶奶三位亲人在天堂里精心地呵护、庇佑着我,因为我是他们最疼爱的幺孙。

此书是振山收藏系列丛书的第二部(第一部为《南京雨花石评定量化及其珍品与艺术品欣赏》),谨以此系列丛书敬献并告慰天堂里的大爷爷、爷爷和奶奶。

到了与众藏友分享心得的时候,欢迎藏友交流。E-mail:09138@njnu.edu.cn;联系电话:15952019399。

林振山博士于福山陋寮

2013年10月1日

# “振山收藏”与寿山田黄

“振山收藏”的前身“鹤山收藏”是主营田黄、牙雕、字画、陶瓷和青铜器的。民国时期，“鹤山收藏”的藏品在闽东南、广州和上海是声名远扬的。田黄之所以在鹤山收藏位居第一，一是因为我的曾祖辈（五代祖）兄弟数人或为福州地方官或为京官，对田黄的喜爱可谓“家学渊源”；二是因为鹤山收藏的掌门人——我的大爷爷酷爱金石，喜欢亲自解田黄石、制章。

收藏界的老人喜欢说缘分，当心仪已久的宝贝收入囊中总说与它是有缘的。自然界千变万化，对于大量小概率的事件，统计科学是很难说清的，而“有缘”仅仅两个字却能把其哲理说透。我与田黄原石是有缘的，有奇缘的。

周岁“抓周”时，按仙游老家的风俗，爷爷在我面前放了一大盘林林总总18件东西，有小人书、糖果、玩具、小汤匙、铜钱、田黄印章、多子多福的象牙牌子、毛笔、粉笔、纸花、铁钉、木契、脉枕……我右手抓住田黄印章，左手拽起象牙牌，把爷爷和大爷爷乐得直说：“好！好！有出息！有大出息！”

记得是1966年端午节的子夜，我被大爷爷的咳嗽声吵醒，惊奇地发现，平时极少到楼下的大爷爷，却在天井里浸泡红土水（做煤球用的）的破大缸里放东西。当我走到他身旁时，他看了我一眼，欲言又止，却再次认真地看了看我的鼻子（他的相术极高，平时就最喜欢我的面相），摸了摸我的脑袋，让我用红土泥浆将袋里的“石头”一个个糊好后再小心地放到泥土缸里，并嘱咐第二天再挑一些红土疙瘩加上，并添上几盆水，将搅拌的粗木棍换一根细点的……尽管当年9月以后的抄家风暴席卷老家，尽管也有红卫兵用棍子搅动过该浸泡红土水的破大缸，甚至有人用手去捞过，却都没发现缸里的秘密。我不仅佩服大爷爷的先知先觉，更佩服大爷爷的机智聪明，因为裹上泥土浆的“石头”与红土疙瘩对红卫兵来说，是没有多大区别的；而小木棍在十分黏稠的红土泥浆里搅动就是碰到“石头”也基本是没有什么感觉的。在大爷爷教我鉴定寿山田黄的经验和要领后的一天深夜，他对我说：浸泡在红土水破大缸里的“石头”就是他的命根子田黄原石。他要我跪在祖宗牌位前发誓，至少完好无损保存40年！至今年6月，44年已过去了。为了完好无损保存这些中华瑰宝，我试验了十多种的保存方法，发现浸泡在红土泥浆里的田黄原石竟能鲜艳如初，效果要比泡在寿山村水稻田的土壤里还鲜艳。其物理原因主要是由于红土的黏性导致与田黄原石接触面的附着力要比其他土壤或水的大，其次是由于红土泥浆的颜色（金黄、橙黄）与橘黄、黄金黄等田黄的本色相近。借出版此书机会，将林家保存田黄原石的秘笈公布于世。当然，最方便和最快速的“保鲜”是上好纯白油后放在加了2~4克水的密封塑料保鲜袋里，再套上1~2个湿的保鲜袋密封好，半年换一次。

自1964年母亲也被“清理”出阶级队伍后，我一家7口人仅靠“右派”父亲编内代课的40元/月度日。到1970年前后，家中所有值钱的东西早都已变卖一空，而两个哥哥和一个姐姐上山到宁化、钟山，正需要家里不时救济，母亲一夜急白了头。时年我15岁，开始做肥皂、用蓄电池的废“土”冶炼出国防物资铅、制造电鱼用的蓄电池，无师自通做裁缝、做木匠（上大学前，由于款式新颖，我的木匠水平在仙游县城已小有名气了），始终没有动过变卖田黄的一丝念头。

1980年暑假，我在福建师大物理系参加傅里叶信息光学和量子场论的讲习班（当时我迷上了全息激光照相和信息光学），与十多位福清师专的助教一起租住在福建师大对面的一位我们称为“一伯”的林姓老人的农家大院。当周末下午我兴冲冲地从寿山村回来向同事吹嘘刚买回来的几粒小田黄时，一伯在旁边冷不丁地泼冷水：“对是对，但不咋样，也小了点。”“你懂田黄？”我问道。一伯并没有回答我的话，倒问我：“你20来岁的楞小子竟敢玩田黄？”当他得知我是仙游城关人且姓林时，非常突兀地问我：“仙游城关有个收藏田黄的老前辈林才公，你知道吗？”天下竟如此地小，原来一伯青年时曾与他的师傅长期受雇于我大爷爷福州的“鹤山一隅”古玩店解田黄石、雕刻薄意田黄随型章。在讲习班即将结束的最后一周里，一伯的孙子高烧，我们几个同学帮他送进医院，一检查是乙脑。幸亏我们送得及时，但得交几百元的住院费。那晚，一伯把我叫到他的屋里说要和我商量一件事。他告诉我，他的儿子和儿媳妇都和家在长乐的岳父一家偷渡去美国，欠了蛇头八千元，孙子住院要五六百元，自己长期搞寿山石雕患了矽肺病、手也哆嗦得厉害，不能再雕了，故想把自己收藏的两斤多寿山田黄原石转让给我，而且这些田黄粒粒都是一小两以上的规格，都比我前次买的要好。我略看一眼，二话没说，连夜回家筹款，第二天晚上就抱着一小袋宝贝回仙游了。

自1978年我家经济彻底好转至1985年我走上读研攻博、搞科研做教授梦之前的7年，正是福州寿山乱采乱挖田黄最疯狂的年代。父亲虽不过问我收藏田黄，但他认为如此下去不出10年，田黄必绝产，因此和母亲省吃俭用，几乎把两个人的工资全给我了。不仅如此，他还建议我恢复冶炼蓄电池废"土"，以充实购买田黄原石的资金。那时，蓄电池废"土"是所有县级长途汽车站的垃圾(蓄电池极板的铅框架上交)，堆积如山。我以每斤3~5分钱的价格统统收购，而当时铅的市场价已高达每斤3元，且供不应求。每周六，通宵达旦开炉冶炼，星期日则高价卖出铅条。为了从废"土"(过氧化铅：三氧化二铅为主)榨取最大的剩余价值，变废为宝，我反复实验过十多种的还原剂，最终发现最廉价的铁屑与木炭粉的混合物性价比最大(该配方肯定可以申请专利的)，技术成熟后，我的方法还原出铅率高达70%(含有少量的杂质)，几乎是99%地将废"土"里的铅元素还原出来。当时，我国最大的建阳蓄电池厂的一位工程师，对我这个物理系的大学生竟能用土法上马将蓄电池废"土"还原出70%的金属铅，赞不绝口。该国营大厂集全厂技术力量攻关数年，出铅率不及50%，而且，炉渣结底十分严重，得不偿失。国营大厂比不过土法上马的小还原炉的原因在于，我可以冒高温每一小时不降温清炉膛一次，而国营大厂则至少要降温一天才清炉膛，那样不结渣才怪呢。

田黄原石早已绝产，这是不争的事实。大约自2005年起，寿山村街道两边的所有寿山石雕商店、古玩店都已不卖田黄了。由于大规模的、拉网式的挖掘，面世的田黄原石一代不如一代。目前，福州各大古玩城里的田黄薄意差不多都是"末代"田黄，是数百年来被挑剩的，其品质、品相与清朝的是不能相提并论的。就是与上世纪80年代早期的相比，差距也是蛮大的。除了极少数的工艺大师、收藏家，又有几人见过田黄原石？除了老师傅，又有几个工艺师见过上世纪80年代之前及清朝出产的品种繁多、色相俱佳、品质纯优的田黄原石？"次做优来优亦次"。因此，很有必要还田黄原石一个庐山真面目，让众藏友一饱眼福。

民间传说田黄石是唯一的能保佑"聚财、镇官、升官"的宝石。清朝、民国时期的官场、商界往往是掷千金而求一石。与其他收藏品相比，田黄原石的收藏养护成本几乎为零。由于和田、翡翠的硬度和韧度都很高，其手把件是可以随心所欲地把玩、盘磨。而田黄的硬度和韧度都较低，其工艺品大都无人敢随身携带、随时把玩，而是存放在保险柜或展柜里"坐冷板凳"。田黄原石则不然，毕竟是石头，攒在怀里，工作之余随时可以拿出来观赏、盘磨，紧张的神经便得以松弛，一种成就感的快意油然而生。而且，任何田黄原石，只要盘磨10多天，便宝气四溢。再者，田黄原石凸出部分沁色深，凹进部分沁色浅，若人为染色，则染色后凸出部分色浅，凹进部分色深，会出现所谓的“色反差”。抛光、打磨过的田黄摆件、挂件染色后则不会出现色反差，与普通的有萝卜纹的冻石（如高山冻）染色后很类似。因此收藏田黄原石要比收藏田黄工艺品更为安全也更易于鉴定。此外，田黄工艺品的数量总是在增加的，而田黄原石由于绝产而越来越稀缺。当今社会崇尚“名石不雕、带皮籽料不雕”，到了创新认识田黄原石的时候了。收藏20年前和田籽料去皮雕琢而成的工艺品的藏家现在则要费尽口舌来证明其籽料真身，前车之鉴！荣宝斋20世纪70年代13万元购入的田黄原石早已升值为数千万美元都不卖的镇馆之宝，这雄辩地说明了收藏田黄原石的升值空间并不逊于收藏田黄工艺品。如果不是康熙收藏了一块大田黄原石，又哪里能有乾隆的“三链章”这一绝世国宝的问世？因此，收藏田黄原石，也是收藏家在尽其历史责任。

余并不反对对田黄原石进行雕刻、加工。大师精湛的技艺会使田黄原石价值倍增，精美的田黄工艺品确实价值连城，人见人爱。但那必须是大师、名师的作品。既然是大师，其“润刀”自然是以数万、数十万元为单位的，而且还难求得很。明朝顾二娘治砚，往往揣摩砚石达数月之久方下刀。而今的众多的田黄工艺“大师们”面对比砚石高贵得多的田黄原石，又有几位能如此静心刻意追求原石的意境之美？大多恨不得两三天就大功告成，数万“润刀”落袋。工作室里的分工，早已是公开的秘密，又有几个田黄工艺品是由大师本人百分百完成的？万一不幸遭遇市场里多如牛毛的所谓“大师”，不仅白白损失20%~30%的重量（田黄的价值是以重量的平方来计算的），而且其工艺品惨不忍睹，令人后悔莫及！面对着娇弱如西子、风流若貂蝉、妩媚似昭君、艳丽胜贵妃的田黄原石，怜香惜玉之心油然而生！你又如何能拿起刀来狠心地刻下去？但愿为数甚少的藏家手里的那些弥足珍贵的传世寿山田黄原石能像国宝一样流传于世，给子孙后代留点家底。

余名山，号福山山人，书斋名为福山陋寮，主藏室名为福山陋肆。欣赏字画牙雕等艺术品时，一壶冻顶乌龙茶在侧，故为寮；把玩田黄石等玉石时，一杯陈年茅台酒在手，故为肆。自1991年从北京大学（助教）调入南京大学任讲师，福山陋寮的书案的抽屉里总放着一两枚田黄原石，玉石的库藏是放在福山陋肆里。“寮”仅为60多平方米，“肆”则为90平方米的精装房，一周数次往返于福山陋寮与福山陋肆之间，乐此不疲，既惬意又逍遥。

余平生两大嗜好，读书和收藏。数理化、天地生、经史哲的书都能读懂一点，无论是国内一级学会的权威期刊，还是国际SCI学术期刊，数理化、天地生的论文都能发表几篇。受祖辈的影响，少年时就喜欢上石头，尤其是田黄石、宝玉石。余专业主攻地学与生态，在校专心搞科研，假期、出差、出野外则伺机觅石、寻宝、交友，三十五年如一日。作为当时全国大气科学界唯一的40岁以下、南京大学的正教授，不埋头做学问是不行的。无论是在北京大学、南京大学，还是在美国（长达5年）、南京师范大学，余都能随遇而安，埋头实验室、机房。长期专心科研、做学问所养成的严谨、系统性、洞察力以及远离充斥铜臭、欺诈的交易市场对业余藏家来说是最难得的——早期理性市场下的理智收藏不知不觉中在几十年后非理性的玉石市场里都已成为极其成功的战略投资。是为收藏心得，与读者分享。

无论是做学问还是做人，除了大智慧就是修养。前者是父母给的，后者则得感谢我的形形色色的石头。无论多难的课题、多坏的心情，只要来到福山陋肆，顺手倒一杯陈年茅台酒，随手拿起一粒小田黄原石，或往雨花石的碗里吹一口酒气（我特喜欢观赏吹皱水面下的如幻如真的雨花石），十来分钟后则可神采奕奕、精神抖擞地回到实验室，灵感也莫名其妙地涌上来。

几十年的半业余、半专家的收藏经历，使我对我的名（山）和我的爱好（石）终有所悟：以石为镜，以石修身，以石养性，以石悟道，以石逍遥。山中有石，石磊成山；山能养石，石能扬山。任天下高山之雄峻奇，缩小一万倍则与我的田黄原石、宝玉石等无异。福山陋肆里的任一粒貌不惊人的田黄原石、雨花石、景观石放大一万倍后，则尽显锦绣江山之本色。福山陋肆虽小，却深藏千山万水，任我肆意指点！山石本是一家，何况犬子的乳名就叫“石头”。从抱着“石头”看石头，到带着“石头”买石头，再到教着“石头”玩石头，不意间，华发已生！聊以欣慰的是我的福山陋肆里的石头藏品与我的科研成果一样也小有所成。到了与众石友分享石趣的时候，欢迎石友交流。

本书田黄鉴赏所展示的田黄原石，门类齐全，品相俱佳，十分经典，都应作为标本而传世。余有幸收集如此完整、经典、高品位的田黄系列，除了家学渊源，还得有独到的眼光和数十年的持之以恒。但最为重要的还非得有奇缘不可。传承应有序，特出此图鉴，让田黄原石像国宝一样流传于世。水平有限，欢迎学术层面的批评与争论。

本书的出版，或许会使一些人的利益受到损害，为此深感不安，谨表歉意。

林振山博士于福山陋寮

2013年10月1日

# 目录

## 第一部分　田黄石



## 第二部分　书画真迹

# 第一部分
# 田黄石

# 一、田黄石的价值与鉴定及其地质成因

## （一）田黄石的官文化及其收藏价值

数百年来田黄一直是皇室宗亲、文人墨客、达官显贵所喜好的收藏"旧宠"与"新爱"，除了因为田黄石材稀缺，更是由于田黄本身蕴含着独有的文化内涵。

### 1. 中国的"官印文化"

（1）身份的象征。

皇帝玺印是无上权力的象征，官印是国家行政官爵等级制度的象征。

秦王政十九年（前228），秦破赵而得和氏璧。天下一统后，秦始皇命李斯篆书（虫鸟篆）"受命于天，既寿永昌"，雕琢为玺。秦子婴元年（前207）冬，秦王子婴跪捧玉玺献于咸阳道左，秦亡。而传国玺则归刘汉所有，并终为刘邦所得，刘邦称帝并定此玺为"汉传国玺"。从此，传国玺成为皇室"皇权神授、正统合法"的唯一信物。历朝皇帝及其追随者都极力宣扬获得传国玺是"天命所归""祥瑞之兆"。历代帝王都以得此玺为符应，奉若奇珍，国之重器。传国玺贯穿中国历史长达1 500多年，忽隐忽现。得之则堂皇冠以"受命于天"，失之则有"气数已尽"之不祥征兆。登大位的新皇帝若无此玺，则底气不足，忧心忡忡。明太祖朱元璋有三件憾事，"少传国之玺"为第一。

清朝确立了中国封建时代最后的等级分明的帝后、百官及臣僚藩属等印信体系，官印直接代表着最高皇权与各级权力的分而治之的权柄，是最能体现中华官文化的一种神圣而独特的器物。

（2）拜印。

登台拜印是指封建社会军政首脑得到权力的一种仪式，是御玺、官印文化向民众传播的重要方式之一。由于官印是直接代表着最高皇权与各级权力的分而治之权柄的神圣器物，官印已被神化，如同木雕的神仙、泥塑的菩萨，顶礼膜拜是最庄严、神圣的一种仪式。天子登台拜印，是"君权神授"的中国政治文化中的典型象征。

（3）田黄印章的兴盛。

元朝以前，作为印章的物质材料多为铜、玉（多为和田玉或是岫玉、河磨玉）等，这些材料造价高，制作不便，尤其是和田玉，硬度大，制章难度大，非数十年工夫而不能得心应手、游刃有余。元代始，篆刻家则选叶蜡石、迪开石做印材。石印材，旧称"花乳石"，中国印学史介绍了"始用花乳石治印"的为元朝末年的王冕，而明朝文征明及其长子文彭都对推广石印材作出了巨大的贡献。与铜、玉印材相比，石印材硬度恰到好处，更能舒展文人及书画家的意愿，随心所欲地驰骋于方寸之间，再加上薄意山水或言简意赅的边款，其艺术价值是玉石印章所无法比拟的，使人玩味无穷。寿山石晶莹剔透，五彩斑斓，柔而易工，行刀随意，使寿山石名冠"印石三宝"之首，登上文化大雅之堂。元、明、清的印石三宝是：田黄石、芙蓉石和鸡血石。从此，田黄荣登玉石官文化神圣殿堂的宝座。自康熙帝起，田黄更是集三千宠爱于一身，加冕石帝。

（4）镇官、镇财。

自古，人们讲究镇官、镇财，所以在选择制作官印的石材时，就特别讲究。与普通的观赏石讲瘦、透、漏、皱、空不同，镇官石、镇财石讲究的是温、稳、实、灵、贵，因为官场最忌讳的就是瘦、透、漏、皱、空。温、稳、实寓意君子以及士大夫的道德操守、权柄的掌控、做人办事的风格，是镇官石的第一内涵（坐稳），而灵气和富贵（相）则是镇官石的第二内涵，寓意升官发财。田黄石之所以成为官场趋之若鹜的“镇官、升官、镇财”石（玉）首选，其原因是田黄同时具备温、稳、实、灵、贵的特质，而其他的玉石很难具备。案桌内右侧抽屉里放置一田黄原石，是由案桌上右侧置放官印传承过来的，藏而不露。由于明、清帝王将相对田黄石的百般青睐，田黄原石成为官场里的镇官石。作为镇财石，一般可以将田黄原石随身珍藏，或藏于保险柜。而和田玉则成为修身、把玩的首选，冰种以上的满翠则为财富的象征。

**2. 田黄受追捧的缘由**

（1）福（建）寿（山）田黄的谐音寓意。

汉语只有400多个音节，加上四声和儿化韵，也只有1 600多个，这就出现了若干个字共为一个音节的现象，即谐音文化，讨吉利、讨口彩，祈求幸福吉祥，平安顺利，达到心理上的满足。有关田黄与清皇室的美丽传说很多，其依据则是福州寿山田黄的谐音：福寿田皇。福与田表示纳福，多子孙、家庭和睦、富贵；寿表示后天赐予的添寿；皇（黄）表示禄，镇官、佑官。自顺治、康熙、乾隆至慈禧、溥仪，清朝帝、后个个酷爱田黄，终日田黄闲章不离身。慈禧更是视田黄为纳福、添寿的唯一宝石。极品田黄原石是唯一具有红宝气的宝石，随身携带，红宝气护身。导致清室（包括后宫的嫔妃、格格）和官僚上层视田黄为第一纳福添寿宝石，第一镇官宝石，第一聚财宝石和官场第一礼品。

（2）热容量大。

清朝时期，田黄的主要用途是帝王将相、达官显贵、文人雅士的印章（多为随身闲章），使用的方便度与使用效果最为关键。相传帝王北征，戎马严冬，印泥冻结，唯田黄御玺可融印泥而用宝，他章则不可为印。这主要是由于田黄石印章的热容量较其他印章尤其是软玉与鸡血石印章的大。于是以田黄为宝，尤其是闲章，贴身收藏，随时可用。事实上，大量的炉膛内壁是用地开石（田黄的矿物主成分）、叶蜡石（芙蓉等普通寿山石的矿物主成分）的石粉的，以期达到较好的保温效果。

（3）田黄的兴盛。

顺治、康熙、雍正及乾隆诸帝以异族统治中原，为了巩固政权，对汉文士习尚尤其重视，承袭了钤盖印玺的传统。康熙、乾隆帝大量收藏田黄石，并在元旦癸时以之供于神案，拜田黄祈福。故田黄又有“祭天灵石”“石帝”之誉。

传说乾隆皇帝梦见玉皇大帝赐他田黄石，并赐书“福、寿、田”三字，元旦以田黄祭天的故事，在文人达贵中传为美谈。以福建寿山所产的田黄石，喻上天所赐“多福多寿，王土广袤”，意味着大清江山为上天所赐。为此，乾隆皇帝大量收藏田黄石，福建各级地方官纷纷采办寿山田黄作为贡品。乾隆皇帝喜欢用田黄石治以印章，尤其是闲章。如“三希堂”“长春书屋”及“惟精惟一”“乐天”“乾隆宸翰”的三链章都是乾隆皇帝以田黄石制的印章，现收藏于北京故宫博物院。这样一来，朝野上下竞相购田黄石制印，以炫耀身份，或为祈福、祈寿、祈田（田喻土地、喻产业）而收藏田黄石。为此田黄身价扶摇直上。价格的推高又进一步抬升了田黄在玉石中的位置，使其稳居玉石王国的帝位，百年不变。由于田黄石价格奇高，一般平民百姓少有购入，多为达官显贵所藏，这使得田黄的官文化趋于神秘。

清朝乾隆十一年（1746），乾隆帝对清室宝玺进行了清理与重组工作，钦定6方白玉玺、8方青玉玺、6方碧玉玺、3方墨玉玺、1方纯银镀金、1方檀香木，共计25方御玺为清朝25宝，存置在交泰殿，象征帝王的种种权力。然而，乾隆帝最喜欢、最视为珍贵的却是田黄三联玺。该御玺的田黄石材，早在康熙年间就由福建的官员进贡上朝。差不多整整80年后，该田黄石材才被乾隆下令治为旷世奇宝田黄三联玺。自乾隆起，清朝的传承御玺是25宝（存放交泰殿）加1枚田黄三联玺（皇帝私藏），田黄在清朝皇室的地位可见一斑。据说在1949年，周恩来查看了25宝一个不少时，似乎高兴不起来，他不无遗憾地说，就独独少了一枚田黄三联玺！民间传说民国早期的总统之所以像走马灯似的换了一个又一个，那是因为清帝溥仪逊位时并没有移交田黄三联玺，而是将它随身带走离宫的。蒋家王朝之所以短命，那也与田黄三联玺不在蒋家有关。清朝末代皇帝溥仪在被驱逐出北京故宫的时候，把国宝田黄三联玺藏在棉衣夹层里，1924—1950年，27个年头，无论是在天津、抚顺、伪满洲国，还是在俄罗斯、日本，溥仪一直把它带在身边。清代传国玺田黄三联玺幸运地逃过了一次次的搜检，一直与溥仪贴身不离。1950年8月初溥仪被押解回国，在抚顺战犯管理所学习、改造。在其弟弟等家人的多次劝说下，1950年9月，溥仪将田黄三联玺作为购买飞机支援抗美援朝的筹款捐献给国家，这也是他成为特赦战犯的主要原因之一。

1950年国庆，清朝传国御玺25宝+田黄三联玺全部由共和国接管。

（4）高度稀缺。

福州市区西北方向28公里许的晋安区寿山乡寿山村的田黄产地，只在寿山溪的两边，长约1公里，最宽不过数百米的区域。

史树青先生在《清怡亲王田黄对章》中说："田石产于田中，无脉可寻，沉积田底，采掘极难，多为当地农民掘田偶然发现。得者视为至宝……今则田坑久绝，黄金有价，田黄可以无价矣。"可见，在清朝期间，田黄石就极难寻觅。寿山村的田黄在清代已遍挖一百余年，至清末余者寥若晨星。20世纪改革开放后，当地人发财致富欲望极度膨胀，全村男女老幼齐出动，承包土地后锄刨机掘，深度达2~3米，夜以继日，大凡有一点可能出产田黄的田地都早已翻来倒去挖了又掘，掘了又挖，筛了又筛。哪有遗石容身之地？田黄绝产早已成为公开的事实。2003年政府明令禁止开采田黄石。既然绝产了，稀缺就是必然了，高价更是理所当然的。一两田黄三两黄金，那是清朝的事。当今，一两田黄十两黄金是稀松平常的。拍卖场上，平均一克拍出10万、20万甚至30万都已屡见不鲜。

1999年8月24日由国家地矿部和中国宝玉石协会联合主办的"中国国石定名会"上，经过多轮激烈角逐和淘汰，全国各地41种参评的宝玉石中，寿山石以全票通过的绝对优势，荣登"三石三玉"排名榜之榜首。这六种"国石"候选石依次是：福建寿山石、浙江昌化鸡血石、浙江青田石、新疆和田玉、河南独山玉、辽宁岫岩玉。2000年2月在北京举办的"国石评选研讨会"上，福建寿山石又荣获"国石"候选石中石类第一名。

### 3. 田黄收藏与官等级的关系

田黄收藏与官员的品阶关系产生的原因，一则是由于中国早年的传统规定，必须根据官阶来确定携有的印材大小，二则是由于田黄极其稀缺与极其昂贵。

在清中期：

半市斤（250克）以上：贡品；

6~7小两：皇亲贵族、封疆大吏收藏、镇官；

4~6小两：四~二品官员随意收藏、镇官；

1~3小两：七~五品官员随意收藏、镇官。

可以看出，官品越高，田黄镇官石越重，差不多每品加1小两。

在清末：

5小两（157克）以上：贡品；

3~4小两：皇亲贵族、封疆大吏收藏、镇官；

2~3小两：四~二品官员随意收藏、镇官；

1~2小两：七~五品官员随意收藏、镇官。

台湾仍是以1小两为规格田黄，所有官员趋之若鹜。

2010年大陆田黄市场视20克为规格田黄。

### 4. 馈赠佳品，收藏便捷，维护成本低

"以石会友"使田黄披上了最华丽的礼品外衣。旧时官场，皆为科举出身，琴棋书画都懂一点，写字、画画陶冶情操的同时露几手，博得阵阵喝彩。写字要用章，画画也要用章，官越大用的章当然要越好。田黄既能作为闲章炫耀，又能作为镇官石，自然是旧时官员的最爱。

另一方面，田黄原石收藏要比字画、高古玉、文物瓷器容易得多，与字画的收藏维护高成本，文物瓷器易破碎、不便交

流等局限相比，田黄收藏具有收藏维护成本为零以及可以随时随地交流会友的优点，再加上其实用性，因此，田黄成为最受欢迎和追捧的礼品是必然的。

说明：本文小部分文字摘录于网上资料。

## （二）上品田黄鉴定的六大原则

民国时期至1982年前后，田黄石的界定基本是遵循张俊勋先生（1934）的田黄“中牵萝卜纹”和陈子奋先生（1939）的所谓“无皮不成田”，“无格不成田”和“无纹不成田”的三个鉴定田黄的特征标准的。众所周知，切开的白萝卜只有丫形或不规则网状纹理结构（后者乃是前者的一种表现）一种纹理结构（本人切开白萝卜数以百计，无一例外），所以，张俊勋、陈子奋所定义的萝卜纹（丝）也只有丫形或不规则网状一种纹理结构。因此，民国时期的田黄只应有一种丫形或不规则网状的纹理结构。1982年石巢先生系统地总结了田黄的纹、皮、格三大特征，首次提出了田黄“细、结、温、润、凝、腻”的“六德”标准，并提出了田黄萝卜纹有六种纹理形式的观点。该鉴定理论极大地拓宽了田黄的界定范畴，导致原本有争议的牛毛纹（丝）、雨丝（纹）、金线丝（纹）等都堂堂皇皇地登堂入室。既然，寿山的牛毛纹（丝）、雨丝（纹）、金线丝（纹）的黄色（掘性）独石可以戴上石帝之皇冠，昌化的牛毛纹（丝）、雨丝（纹）、金线丝（纹）的黄色独石为什么不可以与之称兄道弟？于是乎，一边是知识产权保卫战正酣，另一边则“偏妾转正”之争迫不及待，天下大乱，搅得大众只有看热闹的份，而不敢慷慨解囊。这不仅与田黄的界定标准有关，还与广大的业余田黄爱好者、收藏者的鉴定水平有关。阳春白雪，和者甚寡。“细、结、温、润、凝、腻”说得容易，可就是圈内又有几位“权威”真能让人心服口服？更不用说从未见过、摸过田黄的广大业余田黄爱好者和未来的收藏者。而萝卜纹之争，更是公说公有理、婆说婆有理。

近些年，不少专家学者纷纷提出了各自对田黄的界定标准及其特征。如崔文元等认为应从石形、石质、石色、石皮、萝卜纹、红筋六个方面来界定田黄，并认为萝卜纹是“一条条细而密的纹理”。王时麒则提出了田黄的八条认定标准：石形、石皮、萝卜纹、红格、质地、色泽、黄铁矿和主要矿物成分等八个方面。遗憾的是，所有这些理论都没有跳出石巢的田黄萝卜纹有六种纹理结构的广义形式理论框架。高山更是建议将山黄、鹿目黄、连江黄都归类于田黄，一人得道，鸡犬升天。才几年，凡寿山“亲生”的有皮之黄色石头（其实很大一部分并不是寿山产的）无不为“黄（皇）袍加身，太子继位”而摩拳擦掌。而非嫡生的昌化田黄也不示弱，章家福提出了“昌化田黄的品质比寿山田黄还要略胜一筹”这一惊世骇俗之雄论。

“一两田黄十两金”，作为石中瑰宝，田黄向来是宝玉石收藏家的镇库之宝。然而长期以来，由于田黄认定缺乏标准，因此不同专家、老板对同一块石头的判定往往会出现“仁者见仁、智者见智”的状况。广大藏家更是一头云来一头雾。时代在呼吁田黄的鉴定标准从象牙塔里走出来，制定通俗易懂的田黄石鉴定标准（原则）势在必行。

本文根据林振山数十年的收藏经验，理论联系实践，尝试提出了上品田黄石的六大鉴定原则。为避免知识产权的争议，本文只讨论田黄矿石。唯盼广大的田黄爱好者、业余收藏者能迅速掌握之，并从中受益，买到上品的田黄（原石）。

### 1. 上品田黄鉴定的第一原则：闭口细绺，弧棱小独石

普通的寿山石属于内生矿，呈脉状充填于（围岩）裂隙带中，具透镜状。而田黄石则是由高岭土矿风化成为粒级大（块状）的碎屑（“石头”），由河流作用冲积于河床或被冲击分布于河流两岸的阶地上。田黄石在其长距离的迁移过程中，会使原石沿高级别的开启性裂绺分裂成小一级的原石，再不断分裂，直至所有的开启性裂绺都分裂完毕。显然，分裂得越彻底，田黄原石就越小，留下极具破坏性的开启性裂绺越少，品质就越好。此外，由于开启性裂绺很少是笔直的，远距离搬运，再多次沿较高级别开启性裂绺分裂，因此边缘多半是弧形

的，故高品位、正品的田黄石大体上呈卵形。但有相当比例的田黄石仍呈普通的“粒”状。有必要指出：陈子奋先生的“无格不成田”的“格”是个不规范的术语。其原意应该指“格子绺”，即描述形状如同格子的绺。与“格”对应的专业术语应该叫“裂绺”，即裂痕，通常大的称之裂，小的称之绺。由于田黄原石的“格”大都没有裂开，故应该称为“绺”。根据林振山的考察，有“格子绺”的田黄不少。除此之外，田黄“绺”的形态还有：龟背绺、鸡爪绺、弧线绺等等。

目前，田黄界流行的理论认为“‘格’是田黄石在迁移过程中产生的细裂纹”“是石头从山上滚落时内部难免会因为撞击而产生的裂缝”，显然是不妥的。一是观察和描述上的不妥，田黄石上的“格”绝大部分都没有裂开，实际是闭口绺。二是成因解释的原则性不妥。田黄石在其迁移过程或撞击过程中，一般不会产生裂绺，而是断裂或破碎。读者可以自行做试验来验证。田黄石中的裂绺(95%)与自然界的构造应力(时间尺度要比田黄石迁移过程早数千万年)有关，并且与它们的风化进程(时间尺度要比田黄石迁移过程早数千万年)有关。

上品田黄石鉴定的第一步骤：观察是否为粒状(局部呈鹅卵形)的独石，而不是透镜(块)状，独石表面或内部是否至少具有一条以上的裂绺。

### 2. 上品田黄鉴定的第二原则：石长残薄皮

这里的“长”代表次生，是后天才有的。既然是独石，那就一定要有皮。石皮大致可以分为两大类：一是次生薄皮，二是厚皮。厚皮又可分为两类：一是次生皮老化所致，二是原生的。河磨玉的皮就是典型的老化次生皮，大多数品质优良的和田玉籽料的皮也是老化的次生皮。打个比方来说，婴儿出生的皮肤是原生皮，大面积烧伤去掉老皮后刚长在新肉上的嫩皮是次生薄皮，几天之后成为正常的皮肤，那就成为次生老皮了。而这些正常健康的次生老皮与没有烧伤的原生皮是没有太大区别的。当然，如果原生皮是岩衣，那么次生老皮与原生皮就有天壤之别了。田黄原石强调的是次生薄皮，薄如笛膜，薄如蝉翼，只可视之，几不可量之。既然如此之薄，就不可能是完整的。因此，林振山认为：田黄原石的次生薄皮必定是零落的、局部的，用“残”一个字来描述，再精确不过。只有如此之薄的次生皮才能给人以“细”而“温”二德之手感。对于具有次生老皮或原生皮的田黄石，手摸之，必是粗糙之感。因此，上品的田黄必须是次生薄皮。

不同的金属离子在表面着色的同时将由表而里“沁”色。铁离子着黄褐色(三价)或浅绿色(二价)；铜离子着蓝色；铬离子着绿色；锰离子着褐色或紫色。而硫化汞可充填红色。所以，次生皮的颜色明显不同于“肉”的颜色。薄皮将保证“沁”的深度以及内外的色梯度的均匀性。原生厚皮阻碍了由表而里的“沁”色，次生厚皮则破坏了内外的色梯度均匀性。因此，上品的田黄必须是次生薄皮。当然，次生厚皮也有品质优良者，但从没有经验的买家的角度出发，放弃购买次生厚皮者不失为明智之举。由于目前的田黄原石都是开采于土壤之下，那么由于原石的凹凸性以及土壤颗粒的不同大小、不同形状，两者的接触面以及接触的紧密度肯定有很大的差异性。边缘及凸出接触部具有明显的优势，而凹陷部，尤其是很小的凹陷坑是很少有次生皮的。这是鉴定假皮的重要依据。由于每粒田黄原石的细腻性不可能完全一致，尤其是凹陷内外，因此染色必会出现十分明显的色线，还会出现原不该有次生色皮或应该是很淡次生色皮的凹陷处出现了很深的颜色。即出现了反色差形态。只要认真观察凹陷处的颜色以及是否出现色线或反色差形态，则可十分轻易地鉴定出是否人工染色。此外，人工造皮无法达到残薄皮那种自然状态。

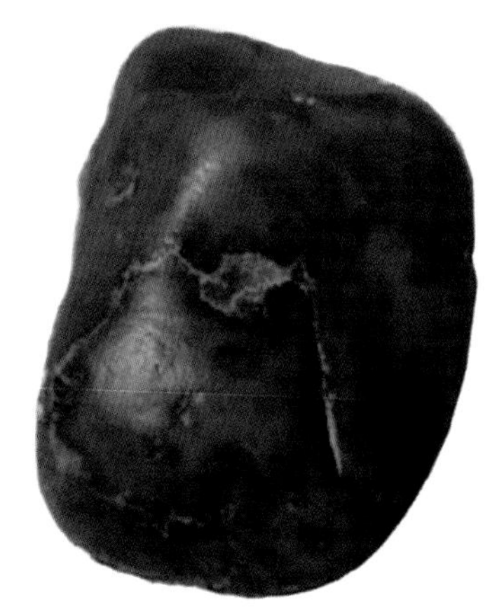

图1  蛤蟆皮田黄冻

林振山通过对在不同地点、不同时期收藏的800余粒昌化田黄的观测认为，98%以上的昌化黄色独石不具有次生薄皮，但具有厚皮者不在少数。同样，绝大多数的寿山独石也是没有次生薄皮的。

上品田黄石鉴定的第二步骤：用肉眼认真观察具有闭口细绺、局部呈鹅卵形的独石表面是否不规则地局部“生”有极薄的次生皮（图1）。

**3. 上品田黄鉴定的第三原则：皮生“汗毛孔”**

林振山认为：田黄原石表面在土壤里进行着两类表生活动，一是上面所说的氧化还原着色，二是以排蜡为特色的新陈代谢活动。20多年以来，林振山分别对迪开石和叶蜡石进行浸油、水泡和十多种不同类型的湿土壤的掩埋试验，发现除了高度净化的田黄晶、田黄冻外，所有的迪开石、叶蜡石，包括绝大多数的田黄原石多多少少都会出现排蜡活动，都会释析出或多或少的蜡（油）脂。排蜡代谢活动一则净化肌理，使田黄原石更加空灵洁净；二则由于排出的蜡油的吸附和溶解作用，不仅加剧了次生皮的生成活动，也给人以温润、油腻感。这两类表生活动都需要“呼吸通道”，于是次生皮上必定生有无规则分布的细小的“汗毛孔”。因此，只需用肉眼仔细观察次生皮上是否无规则密布着大小不一的“汗毛孔”，便能鉴定出是否为假皮。林振山上述的有关“汗毛孔”的理论至少部分否定了传统的“‘汗毛孔’是由于长期搬运撞击而生成”的学说，因为，确有一部分较大的孔是由于撞击产生的。

上品田黄石鉴定的第三步骤：用肉眼认真观察具有闭口细绺、局部呈鹅卵形的独石的局部长有极薄次生皮的表面上是否“生”有密布的“汗毛孔”。

**4. 上品田黄鉴定的第四原则：内生唯一的丫形或不规则网状的萝卜丝**

上品田黄鉴定的第四原则强调了：① 田黄原石的肌理必须具有丫形或不规则网状的萝卜丝（纹）。从几何学角度出发，不规则网状可以视为丫形结构。因此，该原则强调了萝卜丝必须是丫形的。② 丫形是萝卜丝的唯一表现。

张俊勋先生于1934年在其《寿山石考》里首次提出了田黄“中牵萝卜纹”这一重要特征。1939年陈子奋先生在《寿山印石小志》里提出了著名的“无（萝卜）纹不成田”这一田黄鉴定的最基本原理。很显然，张俊勋先生和陈子奋先生所界定的萝卜纹是丫形或不规则网状结构的。他们并没有把牛毛线、水流线等与萝卜丝丝毫不相似的纹路结构纳入田黄“中牵萝卜纹”这一重要特征。但是，1982年，石巢先生在其《印石辨》中首次提出了田黄萝卜纹的六种表观形式：① 网状，② 水流状，③ 粽粒状，④ 橘瓤状，⑤ 丝棉状，⑥ 萝卜丝状；总称萝卜丝纹。很显然，石巢先生极大地丰富、但较轻率地扩展了民国时期张俊勋先生和陈子奋先生所界定的萝卜纹的概念。林振山认为，这既与田黄的稀缺性有很大的关系，也一定与石巢先生的收藏有关。在20世纪90年代之前，石巢先生有关田黄萝卜纹的六种表观形式成为“无（萝卜）纹不成田”的唯一的权威性注解。然而，20世纪90年代之后，由于巨大的利益驱动，市场上出现了呈粽粒状纹的掘性高山石（如鲎箕田），丝棉状的掘性坑头石、牛毛状纹的鹿目格和黄色朝鲜石以及本世纪出现的海量的牛毛纹昌化田黄和水流纹的昌化田黄。

林振山认为：一则田黄的萝卜丝（纹）是先天育胚，后天酸化发育而成；丫形或不规则网状的细纹要比其他任何纹路更有效地进行新陈代谢并表现品质的各向同质性。无论是植物木质部的导管和管胞“纹路”结构，还是动物的血管、经络分布无不是丫形或不规则网状。二则对于那些从未见过、摸过田黄的广大业余田黄爱好者和未来的收藏者来说，如何鉴别形形色色、真真假假的萝卜丝纹难于上青天。因此，从方便和保护广大非专业的田黄爱好者和收藏者的立场出发，林振山认为有必要重新严格规范“丫形或不规则网状萝卜丝（纹）”这一“无（萝卜丝）纹不成田”的基本原理。当然，对于圈内人士仍可以以石巢先生有关田黄萝卜丝（纹）的六种表观形式进行鉴别。该原则表面上是严了，是不利于田黄市场的，但事实上，将更有利于市场的健康成长。

目前，有不少的网络媒体都在宣传这样一个观点：好的田黄冻是没有萝卜丝纹的，或糯化为很细小的点儿很难看清。这是一种危险的观点，因为当前市场上有不少黄色（或天然或染色）的绿泥石冻石，其硬度、密度、外观、手感、刀感都与田黄冻无异，唯一用肉眼能区别的就是没有萝卜丝纹（当然可以做矿物主成分鉴定）。同时，那些通过高温、脱水、染色等处理后的滑石、石膏外观也与田黄冻差不多，但它们都没有萝卜丝纹。因此，林振山认为，坚持"丫形或不规则网状萝卜丝（纹）"是界别上品田黄石的最为重要、最为简单而有效的方法。

根据林振山的收藏品，凡16克以上具有丫形萝卜纹的田黄石，必同时具有裂绺（格）。这是由于萝卜纹是比裂绺（格）更为高层次的地质演化（演化时间更长！）的产物。有丫形萝卜纹则必有裂绺（格），而相当多有裂绺（格）的石头则没有丫形萝卜纹。

为方便广大非专业的田黄爱好者和收藏者鉴别，特此指出：① 田黄石里的丫形或不规则网状的萝卜丝纹都是局部的，或多或少、或疏或密，甚至只有些许；② 萝卜丝纹既可能在表层上（尤其是白田），也可能在皮下（此时的萝卜丝纹非常细密，手电要打30°角或与表面水平），但最多的情况是在内部（手电或从背后垂直照或水平照）。

通过数以千计的检测，林振山认为至少98%以上的昌化黄色独石不具有丫形或不规则网状的萝卜丝纹。这彻底否定了有关专家所认为的大多数的昌化田黄都具有萝卜丝纹的结论。当然，不排除个别收藏家的运气特别好。

上品田黄石鉴定的第四步骤：用任意手电照一下石头，如果发现表皮、皮内或里面（肌理）都没有丫形或不规则网状的细条纹，劝你最好理智地放下石头，友好而果断地与老板说再见。当然，对于专家或自信为业余专家或淘宝冒险家的人来说，完全可以与商家继续争论里面的种种细纹是否属于萝卜丝纹。

**5. 上品田黄鉴定的第五原则：温水洗净油蜡风（晾）干后，石头不燥、不干、不白**

如果把田黄比喻为美女，那么无论是"太监"、"人妖"还是"花旦"要假冒美女必定要涂脂抹粉、乔装打扮。于是乎，无论是拍卖场的，还是林林总总无数商店里的，所有的田黄工艺品或浸油或抹油（福州的）或上蜡（昌化的），美其名曰：保养。众所周知，早在1982年，石巢先生在其《印石辨》一书中就首次提出了田黄"细、结、温、润、凝、腻"的"六德"标准。林振山指出：这里的"温、润、腻""三德"都与田黄长期的排蜡新陈代谢活动有关。排蜡代谢越久、越彻底，就越能给人以"温、润、腻"的感觉。因此，正宗的田黄或品质好的田黄，是不需要抹油或上蜡就能给人以"温、润、腻"感觉的。所以，广大的业余田黄爱好者和业余田黄收藏家，当你想购买某田黄工艺品或田黄原石时，要向老板说明（最好是老板亲自做，你动口不动手，免得节外生枝）希望用温水对田黄石进行泡洗—擦干—再泡洗—再擦干，反复数次，直至大体已经把人为涂抹在该田黄工艺品或田黄原石上面的油或蜡洗净。该过程快的要5分钟，而对于那些商家已经油浸数月的工艺品，则需较长时间才能恢复庐山真面目。温水洗净油蜡后，或用吹风机吹干，或放在灯泡下5厘米左右"烘"干或自然阴（晾）干。若其表面仍有润感或不发干、不出现燥白，或其表面绝大部分都没有出现发干或发白或燥白，那么为上品。反之，40%以上的表面若出现发干或发白或燥白，那么你就该理智地放下石头，友好而果断地与老板说再见吧。林振山把该鉴定原则定义为"洗不白"。这里的"白"是指砾石干燥时所特有的发白、发干、发燥的自然现象。"洗"代表用温水（50℃左右）洗净人为给田黄石表面所上的油或蜡。

"洗不白"原则是林振山几十年收藏经验里最为实用的一招，但杀伤力太大，往往会引起许多争论和麻烦。读者一定要慎之又慎！事实上，只要有萝卜纹再能"洗不白"，差不多就可以断定为上品的田黄石了。

通过数以千计的检测，林振山认为：温水去油蜡、风干之后，95%以上的昌化黄色独石都会出现燥白或发干。

上品田黄石鉴定的第五步骤：将具有丫形萝卜丝纹、次生薄皮、“汗毛孔”和“裂(闭)绺”的局部呈鹅卵形的小独石放在50℃左右的温水里，反复擦干—泡洗—再擦干—再泡洗(或加些许洗涤剂)直至洗净表面的油或蜡后，用吹风机吹干后，观察发燥、发白、发干的情况。

### 6. 上品田黄鉴定的第六原则：矿物主成分是迪(地)开石

关于田黄石的矿物质(主)成分，许多年前，人们总是认为它主要由叶蜡石组成。但目前可以肯定，田黄石主要由高岭石族矿物组成，其中迪(地，下同)开石、高岭石、珍珠陶石、尹利石的含量并不一致，但总的情况是以迪开石为主。目前国内有关田黄主要矿物成分的观点有：① 迪开石伴(共)生珍珠陶石；② 迪开石伴生高岭石；③ 迪开石伴生尹利石；④ 迪开石伴生两种以上的其他组成成分。迪开石是一种含羟基的硅酸盐矿物，它与高岭石、珍珠陶石的成分相同，但晶体的结构有所不同，这叫同质异象。由于迪开石、高岭石、珍珠陶石、尹利石都是层状结构的硅酸盐矿物，如迪开石、高岭石、珍珠陶石分别为两层重复、一层重复和六层重复的多型结构，往往都是相互伴(共)生。因此，理论上迪开石伴生任何上述成分的矿物质都是可能的。为避免由于伴生成分的不同而导致“公说公有理、婆说婆有理”的不同的鉴定结果，林振山教授认为田黄的主要矿物成分只要是迪开石就可以了，无需纠缠于不同的伴生矿物质的成分。

林振山认为：只要红外—拉曼实验的红外光谱在高频区(3 300 /$cm^{-1}$至3 800 /$cm^{-1}$之间)出现三个强吸收谱线(谷线尖细而且彼此为峰线所隔离)，并且吸收强度由小变大，则可以鉴定为迪开石。有关红外—拉曼实验的红外光谱在高频区的吸收带，有的学者认为有4条，有的认为有3条，有的认为3条或4条吸收带与田黄的品质有关。由于田黄品质的好坏目前还没有量化标准可以用于鉴定，凭经验则仁者见仁，智者见智，林振山认为只要红外—拉曼实验的红外光谱在高频区出现三个强吸收谱线就可以鉴定主矿物成分为迪开石。

以上有关矿物成分鉴定的两个放宽原则的另一依据是：对田黄进行主矿物成分鉴定的主要目的是对可能(事实上是市场上惯用的)用于假冒田黄的绿泥石、绢云母、石膏、滑石(加压、高温脱水后硬度变大)、叶蜡石等图章石进行甄别，而不是用于鉴别田黄的品质，因此为了方便不具备专业知识的普通收藏者、爱好者和商家，应该宜粗不宜细。

通过大量的随机测试，林振山认为绝大多数的昌化黄色独石的矿物主成分都是迪开石。汤德平和郑宗坦则认为寿山的月尾石和芙蓉石里的矿物主成分都是叶蜡石，而寿山的高山石、坑头石和都成坑石里的矿物主成分则都是迪开石。

敬告读者，凡购买田黄石，请务必进行迪开石矿物主成分鉴定。天津田黄博物馆馆主靳志忠是著名的田黄收藏家，收藏田黄三十多年，所收藏的田黄其价值是用多少个“亿”来计算的。尤其是在中央电视台的《鉴宝》节目露面以后，收藏家、鉴赏家的名头更是远播海内外的收藏界，可谓红极一时。他还写了很多辨识田黄真假的书，这些书指引了不少人的田黄收藏，也引导了不少收藏爱好者。遗憾的是他把三块各重几百克的无皮的、矿物成分为(无皮)绿泥冻石(昌化名贵的冻石，但与田黄相差甚远)的假田黄卖了三百多万，从而把自己送进了监狱，最终自杀身亡！

上品田黄石鉴定的第六步骤：只要花50~200元就可以十分方便和快速地在任何省级的地矿局或地质院校里进行鉴定(要损耗0.1~0.5克)，只要在鉴定图(谱线)纸的左端(3 300 /$cm^{-1}$至3 800 /$cm^{-1}$区域)看到3条尖细的谷线就可以认定该石的矿物主成分为迪开石了。

至此，恭喜你买到了1粒(枚)上品田黄石！

### 7. 讨论

本节所提出的田黄石的6个鉴定原则既简单又易于实际操作，是专门为广大非专业的田黄爱好者和收藏者而制定的。第一至第四原则都是一目了然的。第五原则，简便易行，但需要耐心和时间。对于以十万元为单位的投资，几十分钟的时间绝对是值的。而第六原则只要花50~200元就可以十分方便和快速地在任何省级的地矿局里进行鉴定。

有必要说明，本文所冠以“上品”实际应该改为“正品”更为合适。但这必将让那些非丫形萝卜纹田黄石及厚皮田黄石蒙受“非正品”之沉冤，罪过！罪过！为避免没有必要的笔墨官司，贸然冠以“上品”。至于品质分类的最为关键的三要素当为石质、石色和皮相。依石质可分三级：田黄晶、田黄冻、田黄石（有人将田黄晶并为田黄冻）。依石色大体可分为红田、黄田、白田、黑田四大类，其中的橘红田已很难觅其芳影。至于皮相则种类繁多，张俊勋先生于1934年出版的《寿山石考》认为：色首选橘皮黄，次金黄、桂花黄、熟栗黄。目前一般如此排序：黄金黄、橘黄、枇杷黄、桂花黄、熟栗黄、鸡油黄等。此外，还有蛤蟆皮（属乌鸦皮之首）、乌鸦皮、金镶银、银镶金等等，不胜枚举。在田黄石资源日益匮乏的今天，只要能买上符合林振山所提出的六大原则的田黄石，则可喜可贺。又有几人能有福、有德而坐拥橘红田黄晶、黄金黄田黄冻、蛤蟆皮田黄晶？有关田黄石的品质讨论和研究的文章甚多，在此不再赘述。

还有一点似乎也很重要，既然是田黄石，本身就小，经过几百年的筛选进贡哪还有大粒的遗世？

当前，市场上人们对假田黄是“一日被蛇咬，十年怕井绳”，“假的”一词已经成为许多“专家”的口头禅，大有谈虎色变之感！但根据林振山的经验，田黄石内的由地质成因所产生的丫形萝卜丝纹、裂绺、皮上细密的“汗毛孔”和内在的迪开石矿物主成分是绝对无法造假的。此外，人工造皮根本无法达到残薄皮那种自然状态，而恰恰百分百会留下色线和“反色差”的把柄和证据。假的真不了，真的假不了！况且今日具有丫形萝卜丝纹、裂绺、皮上细密的“汗毛孔”的迪开石即使不是田黄，其价格也不菲，根本没有必要冒做假皮之巨大风险！

为方便读者记忆，特将本文归纳为以下一句顺口溜：迪开丫纹洗不白，闭绺独石残薄皮。

欢迎进行学术争论。

说明：该文已全文发表在国家核心学术期刊、宝石与宝石学最权威的学术期刊《宝石和宝石学杂志》上，此次有微改〔基于大众的上品田黄鉴定方法，2011，13(3)：57–61〕。

## （三）田黄石形成的地质过程与理化机制

福建寿山石品种繁杂、品质上乘，自明清以来一直为雕刻工艺品的上品，尤其是田黄一直被清皇室视为图章石的首选，并且在国内外享有盛名。时价已逾金十倍。有关田黄石的研究大致可分为两大类：一是田黄的矿物主成分及鉴定或界定标准；二是田黄石形成的地质过程。有关田黄的矿物主成分，早期的普遍观点为叶蜡石。但近20年来，普遍的观点是迪开石。有关田黄石形成的地质过程，目前普遍的观点有两大类：一种观点是简单地将寿山石内生矿床的地质形成理论硬套在田黄石上，认为田黄石形成是火山热液型矿。另一观点认为田黄石是外生矿床，是“暴露于地表的矿脉经过风化、搬运沉积后形成的砂矿”。又可将其分为山坡堆积型和河床沉积型两类。山坡堆积型寿山石俗称为“独石”或“山石”；河床沉积型则以田黄石为代表，主要产于寿山溪两旁水田下的砂层中。

第一种观点的错误是显然的，众所周知，汽化热液矿床的形成主要是由于含矿的热气、热液在岩石中运动时，以充填作用、交代作用等方式沉淀出矿质并富集而成，因此是呈脉状充填于（围岩）裂隙带中，呈透镜状，矿脉与围岩间的界线较清晰。事实上，这种充填于地表之下围岩裂隙带中（内生）、呈透镜块状的矿床特性是所有各类（系、种）寿山石里除田黄、独石、掘性石外的共性。田黄、独石、掘性石是散落在地表上的（外生）、呈个体独立的、卵（粒）状矿石。

第二种观点虽然认为田黄石是外生矿床，但认为是砂矿床。砂矿是机械沉积矿床的简称，是指岩石风化形成的碎屑产物，在搬运过程中，按粒级和比重大小进行沉积分异，使有用成分聚集形成矿床。砂矿中的有用成分主要是化学性质稳定、比重大、硬度大的矿物碎屑，如金、铂、锡石、金刚石、磁铁矿等。根据砂矿床的形成条件，可以分为洪积砂矿床、冲积砂矿床、海滨砂矿床、河床砂矿床、湖泊砂矿床、风成砂矿床等。这主要是由于冲积砂矿床的特点“矿除分布于河床的适当部位外，还可以分布于河流两岸的阶地上”与田黄石的分布情况非常类似导致了有关研究人员的误判。此外，也没有讨论分析“暴露于地表的矿脉”是如何形成的。

总之，到目前为止，尚未见到有关田黄石(矿)形成的地质过程的系统深入研究，更不用说开展有关田黄石特征的理化机制的系统研究。本文根据林振山数十年的收藏经验，理论联系实践，尝试以“反推法”来详细剖析田黄石(矿)形成的地质过程，并在此基础上结合研究有关田黄石的“格”和萝卜纹特征的理化机制。

所谓的“反推法”，就是从最终的矿床(石)形态分布出发，一步一步地往前推论其地质过程或地质成因。

### 1. 风化—残余矿床—碎屑冲积石矿

(1) 碎屑冲积石矿床。

从最终的矿床类型来看，田黄石是作为“石头”这种粒级大(块状)、比重小(相对于金属沙粒)碎屑由河流作用冲积于河床或被冲击分布于河流两岸的阶地上，由于我们研究对象的沉积产物是“田黄石”而不是“田黄沙”，矿床是“石矿床”而不是砂矿床，按教科书的传统定义为“冲积砂矿床”容易产生误解，因此似乎应该叫“冲积石矿床”更合适。问题是，地质上没有石矿床这个概念，外生沉积矿床里颗粒大者为砾，小者为砂，在沉积学上砂、砾是有明确的粒径尺寸的划分的。一方面，沉积学上的“砾”与本文的“石”在概念上是一致的；另一方面，之所以定义了“冲积石矿床”，最主要是因为冲积砂矿床在形成的搬运过程中，按粒级和比重大小进行沉积分异，沉积下来成“有用”的矿是最终的小而比重大的“沙”。而本文所定义的“冲积石矿床”则是异于“沙”的石，它不仅粒级大(块状)、比重小(相对于金属沙粒)，而且它是冲积砂矿床的“上游产物”，相对于工业上的冲积砂矿床而言，这些半途中的沉积物是“废物”。很显然，我们所提出的“冲积石矿床”仍然属于外生矿床的机械沉积矿床。

(2) 风化—残余矿床。

众所周知，机械沉积矿床指的是岩石风化形成的碎屑产物，在搬运过程中，按粒级和比重大小进行沉积分异，使有用成分聚集形成矿床。这里作为沉积矿床有用沉积组分的碎屑产物是由岩石风化形成的。问题出现了：田黄石的主要矿物成分是以迪开石为主的，那么被风化的岩石只能是高岭土矿床。也就是说，田黄石应该是由高岭土矿床风化成为粒级大(块状)的碎屑，再由河流作用冲积于河床或被冲击分布于河流两岸的阶地上而成矿。因此，必须解决高岭土矿床的来源问题。也就是必须回答高岭土矿床是如何形成的。答案只有一个：这里所需的高岭土矿床是风化—残余矿床。

我们知道，岩石在化学风化为主的条件下，可溶物质(如K、Na、Ca、Mg等往往形成各种盐类，在水中处于真溶液状态)被淋走或淋滤，带出风化壳，而难溶或不溶的物质(如Si、Al、Fe、Mn等往往形成胶体)则残留原地及其附近，由此而形成的矿床称为残余矿床。

在温暖潮湿的气候条件下，风化壳中长石等富铝的硅酸盐岩石在$H_2O$，$CO_2$和生物的作用下，可分解出碱金属和碱土金属，它们以各种碳酸盐的形式溶于水中被带走。与此同时，从岩石中分解出来的$SiO_2$，$Al_2O_3$，$Fe_2O_3$等在水中容易变成胶体物质，而溶胶$SiO_2 \cdot nH_2O$带负电荷，溶胶$Al_2O_3 \cdot mH_2O$和$Fe_2O_3 \cdot pH_2O$带正电荷，此外还生成一种由$SiO_2$和$Al_2O_3$混合组成的溶胶—胶体黏土，也带负电荷。正负电荷胶体相互作用而发生电性中和，引起凝聚，结果便产生$SiO_2$，$Al_2O_3$和 $Fe_2O_3$的凝胶混合物。由于沉淀的凝胶$SiO_2$和$Al_2O_3$的比例变动范围很大，从而形成了各种不同的含水硅酸盐矿物，如高岭石、多水高岭石、微晶高岭石、绢云母等。所以，田黄石母矿——高岭土矿床是属于残余矿床的。在福州，气候炎热，雨量充沛，环境条件极其有利于生物繁殖，有一个较长时间的稳定的地质构造环境，可以使风化作用和生物风化作用都进行得十分强烈。由表及里，不断向矿石（床）的深部发展，岩石和矿物破坏、分解进程较快，可迁移元素尤其是易迁移元素Ca、Na、Mg、K大量迅速迁移，即岩石中绝大部分物质均被淋失，留下不可迁移元素，有利于形成高岭石残余矿床。

由长石等硅酸盐矿物，经化学分解后往往残余下来形成高岭土矿床在其后数千万年的漫长地质年代里，风化过程一直不间断。高岭石残余矿床能否被完整地保留下来，取决于气候条件和地形。气候条件受纬度，海拔高度及距离海岸远近等因素控制，地形则直接影响地表水和地下水的运动，因而关系到风化作用能否彻底进行及风化产物能否很好地保存下来。对于降水不是很充沛的平缓丘陵地形或平原洼地，地表水和地下水的流动都比较缓慢，侵蚀作用亦较微弱，化学风化作用占主要地位，有利于残余矿床形成和保存。而福州寿山，雨量非常充沛，地形复杂，是陡峻的山岳地形，水流迅速，侵蚀作用强烈，残余矿床风化的终极产物往往以粗碎屑物为主，并且常被地表水冲走，因而不利于风化矿床的形成，即高岭石残余矿床最终被风化、冲积为漫散在山坡上的粗碎屑物，而这些粗碎屑物在进一步的雨水冲积和河流的作用下冲积于河床或冲击分布于河流两岸的阶地上，最终形成田黄"冲积石矿床"。

至此，我们系统地提出了田黄石形成的地质过程的新理论：长石等硅酸盐矿物，经化学分解后残余下来形成高岭土矿床，最终被风化、冲积为漫散在山坡上的粗碎屑物，而这些粗碎屑物在进一步的雨水冲积和河流的作用下冲积于河床或冲击分布于河流两岸的阶地上，最终形成田黄"冲积石矿床"。

## 2. 关于田黄"格"的讨论

陈子奋先生的"无格不成田"，耳熟能详。但这里的"格"却是个不规范的术语。其原意应该指"格子绺"，即描述形状如同格子的绺。与"格"对应的专业术语应该叫"裂绺"，即裂痕，通常大的称为裂，小的称为绺。由于田黄原石的"格"大都没有裂开，故应该称为"绺"。根据数以百计的实物考察发现，有"格子绺"的田黄不少。除此之外，田黄"绺"的形态还有：（弧）线绺、龟背绺、鸡爪绺等。这些绺或开口（绺）或闭口（绺），或明（绺）或暗（绺）。

裂绺不是田黄石所独有，所有的玉石都有裂绺。经常有人将"筋"与"格"混为一谈。其实，"筋"是由不同金属离子进入"裂绺"产生了氧化还原反应。多见的是褐色或暗红的筋，那是锰离子着褐色、亚铁离子着红色氧化还原反应所致。昌化田黄的"红筋"往往又粗又鲜艳，应该是由硫化汞混合物直接充填所致，而绝不是某些专家所断言的是人为染色的。

目前，田黄界流行的理论认为"'格'是田黄石在迁移过程中产生的细裂纹""是石头从山上滚落时内部难免会因为撞击而产生的裂缝"，这种说法显然是错误的。一是观察和描述的错误，田黄石上的"格"绝大部分都没有裂开，实际是闭口绺。二是成因解释的原则性错误。

我们知道，岩石在地质作用过程中自始至终受到各种地质力（挤压力、拉张力、剪切力等）的作用。当岩石因地质作用受力时，其内部将发生变形。变形可分为3个阶段：弹性变形、塑性变形和破裂变形。前两个阶段都会在石的内部产生或多或少、或粗或细、或简单或复杂的暗的闭口绺和开启性裂绺。因此，风化之后形成的残余矿床以及残余矿床继续风化而形成的粗碎屑物其肌理都"天生"有绺，也就是"格"。而第三阶段的破裂变形所产生的裂隙即开口裂（开启性裂绺）的原因可分为三大类：① 在地质作用过程中，岩石受力而产生的裂隙（即原生裂隙）；② 残余矿床或其继续风化而形成的粗碎屑物长期暴露于地表，经长期的风化温差变化和剥蚀作用后产生的裂隙(即次生裂隙);③ 在雨水、河流的搬运过程中形成的裂隙。由于雨水、河流在搬运过程中的撞击、碰撞、挤压是非常猛烈的,而田黄石的韧性又比和田玉低得多,因此长距离的搬运过程会使原石沿开启性裂绺纹理彻底断裂,形成低一粒级的粗碎屑物,再不断分裂,形成粒级越来越小的粗碎屑物,直至所有的开启性裂绺都分裂完毕。显然,分裂得越彻底,田黄原石就越小,留下极具破坏性的开启性裂绺越少,品质就越好。所以,残留在田黄石上的绺(格)绝大部分(至少是98%以上)都是与自然界的构造应力(时间尺度要比田黄石迁移过程早数千万年!)有关,并且与它们的风化进程(时间尺度要比田黄石迁移过程早数千万年!)有关。因此,林振山认为:田黄的“格”并不是河流搬运的产物,而是在地质作用过程中自始至终所受到的各种地质力(挤压力、拉张力、剪切力等)共同作用的结果。河流搬运的主要功能是使粗粒级的粗碎屑物沿开启性裂绺分裂形成粒级越来越小的粗碎屑物。

林振山曾对昌化田黄进行不同坡度和速度的平动、滚动、撞击以及长时间的震动试验,没有一个试验支持“‘格’是田黄石在迁移过程中产生的细裂纹”,试验的结果或是不变,或是边角碎裂,或是破碎。因此,可以推断:寿山田黄的“格”是风化之后形成的残余矿床以及残余矿床继续风化而形成的粗碎屑物的天生内部肌理,而不是后天迁移所致。

### 3. 田黄的萝卜丝纹是先天育胚,后天代谢发育而成

田黄原石表面在土壤里进行着两类表生活动,一是氧化还原着色,二是以排蜡为特色的新陈代谢活动。二十多年以来,林振山分别对迪开石、叶蜡石进行浸油、水泡和十多种不同类型的湿土壤的掩埋试验,发现除了高度净化的田黄晶、田黄冻外,所有的迪开石、叶蜡石,包括绝大多数的田黄原石多多少少都会出现排蜡(油)活动,都会释析出或多或少的蜡(油)脂。排蜡代谢一则净化肌理,使田黄原石更加空灵洁净;二则由于排出的蜡油的吸附和溶解作用,不仅加剧了次生皮的生成活动,也给人以温润、油腻感。这两类表生活动都需要“通道”,因此“萝卜纹”是新陈代谢的产物。

丫形或不规则网状的细纹要比其他任何纹路更有效地进行新陈代谢并表现品质的各向同质性。无论是植物木质部的导管和管胞“纹路”结构,还是动物的血管、经络分布无不是丫形或不规则网状。因此,田黄内部的纹理应该是丫形或不规则网状,即萝卜丝纹。

根据林振山的藏品,凡16克以上具有丫形萝卜丝纹的田黄石,必同时具有裂绺(格)。而相当多有裂绺(格)的石头则没有丫形萝卜丝纹。因此,可以推论:萝卜纹是比裂绺(格)更为高层次(演化时间更长)的地质演化的产物。

在前面,我们已经指出:当岩石因地质作用受力时,其内部将发生变形。变形可分为三个阶段:弹性变形、塑性变形和破裂变形。林振山认为,田黄石里的萝卜纹是发生在弹性变形、塑性变形阶段,也就是说在岩石的弹性变形、塑性变形时期就“育胎”了,属于非常细、非常短的闭口小绺。这些闭口小绺在以后的地质年代的新陈代谢过程中,逐渐发育成为田黄石的“血管、筋脉”。

### 4. 小结

林振山系统地提出了以下的新理论和新观点。

(1) 田黄石形成的地质过程的新理论:长石等硅酸盐矿物,经化学分解后残余下来形成高岭土矿床,最终被风化、冲积为漫散在山坡上的粗碎屑物,而这些粗碎屑物在进一步的雨水冲积和河流的作用下冲积于河床或冲击分布于河流两岸的阶地上,最终形成田黄“冲积石矿床”。

(2) 田黄的“格”并不是河流搬运的产物,而是与自然界的构造应力(时间尺度要比田黄石迁移过程早数千万年)有关,并且与它们的风化进程(时间尺度要比田黄石迁移过程早数千万年)有关。

(3) 田黄的萝卜丝纹是构造应力先天育胚、后天代谢发育而成的。

## (四) 昌化田黄与假田黄

### 1. 昌化田黄产地的地理环境气候

福州人称为黄色的昌化独石、昌化人称为田黄,而林振山称为昌化田黄的原石都是挖自临安市昌化西北的玉岩群山的广袤的山丘上,其母矿的矿床大约在扬子准台地浙西台褶带,吴兴—昌化坳陷上。玉岩群山共有鸡冠山、灰石岭、老鹰岩、蚱蜢脚背、康山岭、核桃岭、纤岭等七个主峰,属天目山系,山脉发源于江西怀玉山,向北延至安徽省黄山,向东折入浙江境内,属白际山脉北段的一部分。

玉岩群山属山丘陵黄红壤棕黄壤亚区。共有红壤、黄壤、棕黄壤、山地草甸土、红色石灰土5个土类、黄红壤等11个亚类、硅质黄红壤等15个土属。这些土属与寿山的没有多大的差异。海拔1 400±200米的山地为棕黄壤,900±200米的山地为黄壤,而海拔600米以下的山坡则是红壤。该山区为独特的高山峡谷气候,具有明显的亚热带中山山地季风气候特征,春秋多雨、多雾,冬季较长(约4个月),多雾凇、多雨雪。山地下垫面并不像网上“人云亦云”的干燥。当地民谣为:板桥直垄通,风雨不断踪。夏天盖棉被,十月雪花飘。与福州寿山的年降水量为1 660.4毫米相比,该山区海拔1 100米以上和900米以下的年降水量为1 500毫米,而海拔900~1 100米年降水量则高达1 900毫米,要比寿山多出约15%!那么真的如网上所说的是缺溪水吗?天目山系万泉千山,其水系之发达是寿山难以望其项背的。该水系属钱塘江水系的分水江上游昌化溪,为树枝状水系。昌化溪全长96千米,为临安市境内最大的溪流,流域面积1 376.7平方千米。除源于千顷山西侧的桃花溪、南侧的柘林坑注入昌化溪的上游巨溪(昌北溪)外,龙塘山片的主要溪流均注入昌化溪上游昌西溪的洲水。显然,并不是某些“专家”所说的:因降水少、水系不发达而导致昌化无法产出品质优异的田黄。

### 2. 昌化田黄是田黄,但不是寿山田黄

产于临安市昌化西北的玉岩群山的广袤的山丘上的黄色独石,是不是田黄?这个问题自它问世的本世纪初就被人们争论不休。由于财富效应,倾向于认同的人数,不论是专家、福州人,还是昌化人都在上升。通过研究分析,林振山认为昌化田黄是田黄,但与寿山田黄不同。

为什么说昌化黄色独石是田黄?因为它符合传统意义上的田黄定义,即矿物成分、独石、皮和格与寿山田黄无异。但它不满足林振山鉴定原则的第五原则:温水洗净油蜡风(晾)干后,石头不燥、不干、不白。昌化黄色独石水洗擦干后,又干又燥。此外,昌化黄色独石还不符合林振山鉴定原则的第四原则:内生唯一的丫形或不规则网状的萝卜丝(纹)。98%以上的昌化黄色独石内部都没有纹路结构;极少数的虽然有纹,但是牛毛纹或竖纹,而不是丫形或不规则网状的萝卜纹。因此,林振山认为不能将昌化田黄与寿山田黄混为一谈。打个不是太恰当的比喻,西藏姑娘与苏州姑娘,都是很可人的女孩,但二者的皮肤(粗糙、高原红等)及气质内涵还是有很大的差异的。如同和田玉的韩料与俄料一样不能混为一谈。

### 3. 昌化田黄与寿山田黄品质差异成因

尽管昌化区域的降水、水系都不比寿山区域逊色,但一方水土养一方人,昌化毕竟要比寿山偏北4个多纬度,冬夏的温差是巨大的,而福州则是无霜期气候。因此,因温度差异,尤其是无霜期气候与冰冻气候的差异,品质的差异将是不可避免的。总体上,寿山的细腻,昌化的粗糙。如同南方的树皮要比北方的树皮细腻得多一样。

寿山田黄大部分都是散落在水稻田里,而昌化田黄则大部分是散落在山坡上,二者所吸收的太阳辐射是不可同日而语的,由于太阳辐射对石性的影响是巨大的,二者的品质差异也是必然的。不仅如此,由于作为矿物的田黄原石是“活的”,寿山田黄在水里是要进行吐故纳新的,由于水分子可以侵入田黄的表皮而到达石内,从而促进了作为吐故纳新通道的萝

卜纹的发育，相比较而言昌化田黄则后天不足，故“至少98%以上的昌化黄色独石不具有丫形或不规则网状的萝卜丝（纹）”。而且，相当多的昌化田黄既无萝卜纹，也无格。极少数有纹的，也是牛毛纹或竖纹。

前几年，一位资深的国家级田黄专家竟然在媒体上大谈：田黄不一定要有格和萝卜纹，他就见过许多没有格、没有萝卜纹的上品田黄。对这位不负责任的大专家，奉劝广大读者，不要信其真，且当听故事，笑笑而已。格与萝卜纹是区别寿山田黄与昌化田黄最为关键的两大原则。马虎不得！此方便之门切不可开之！

由于作为吐故纳新通道的萝卜纹的发育不足，昌化田黄的由里而表的排蜡活动不仅要比寿山田黄的少，而且缓慢得多，故昌化田黄外表要比寿山田黄干许多，温润感明显不足。是否“洗不白”是区别寿山田黄与昌化田黄最为关键的第三大原则。

**4. 假田黄**

产于昌化、矿物成分为绿泥石的黄冻石与田黄冻石无论是硬度、温润感、品质感还是格、皮与汗毛孔等品相都几无区别。事实上，鉴定绿泥石与迪开石是件很简单的事，况且500克以上的田黄在当时则是稀世珍宝了，至少价值300万以上。价格的区别更是直截了当的，且是最为有效的鉴定原则。只要面对250克以上廉价的“优质田黄冻”，最好的对策是立马走人！

对于福州地区和莆田地区，目前盛行于市的假田黄大多数是连江冻、坑头冻、高山冻、掘性石、小溪石。既然是冻石，这些冻石大部分都没有皮、汗毛孔和萝卜纹。而掘性石虽有皮、汗毛孔，却一洗就发干、发燥。因此与寿山田黄石很好区别。

当今福州市场最荒唐、最疯狂的假田黄就是所谓的“金田黄”。2005年前后，在某些商人的精心策划下，在台湾一文不名、极其廉价的“太阳石”“肥皂石”在福州被冠以美名“金田黄”而粉墨登场。所谓的“金田黄”产自印度尼西亚爪哇岛的太阳溪，由于这种石头在未经加工时，看上去很像是肥皂，故被称为“肥皂石”，俗称“太阳石”，是含镁和锰较多的方解石，主要成分为碳酸钙，学名是“镁锰方解石”或者“镁菱锰矿”，由较高纯度碳酸钙、氧化硅等无机化合物组合而成。摩氏硬度3.5~4.5〔迪（地）开石硬度为2.65~2.9〕，无皮、无纹、无汗毛孔。无论是矿物成分，还是皮相、品质，“金田黄”与田黄是毫无一丝关系或相似，但由于其颜色金黄灿烂（有红色、橙色或者黄色等），比黄金黄田黄还要金黄，个别商人凭借在福州苦心经营10多年的基础，集合几个哥们在福州造势，在短短的几年里，硬是从1公斤几十元的价格炒到今天的几千、几万元，有的小摆件竟开价百万！现在，击鼓传花，欲罢不能。

对于昌化地区，目前盛行于市的假田黄大多数是绿泥石、绢云母、石膏、滑石（加压、高温脱水后硬度变大）。只要花上100元到有关高校、地矿所（局）进行矿物成分鉴定，则原形毕露无疑。众所周知，滑石的硬度仅为1、石膏的硬度仅为2，与硬度2.65~2.9的迪（地）开石是很好区分的，用指甲（硬度2.3~2.6）一划就可以了。但钙化的滑石，或人为煅烧脱水的滑石、石膏，或人为高温加压处理而成的滑石、石膏，其硬度与迪开石相差无几。造假者确实可恼得很！但是，若真有品质如此上乘的大田黄原石，卖家怎肯轻易出手?！只要面对250克以上廉价的“优质田黄”，最好的对策是扭头就走！

造假者可恼、可恨，但话说回来，世上若还有重达几千克的田黄石，哪里能让你轻易见得？没有千万元的钞票又何以肯“匀”给你，让你淘到稀世珍品？请君牢记：天上永远不会掉馅饼！

## （五）购买田黄的经验

自2010年在“中国宝石与宝石学2010年学术年会”（武汉地大，2010.10）上做大会特邀报告“基于大众的上品田黄鉴定方法”以来，常常有人通过亲朋好友的介绍找我鉴定田黄印章或田黄薄意工艺品。来的时候，个个既兴奋又紧张，两眼充满期盼。但当他们从锦盒或层层的包裹里拿出高达五六厘米、甚至十来厘米的规格田黄印章，或至少三个指头大小的或金灿灿、或黄澄澄的田黄薄意工艺品时，我差不多都是重复同样一句话：不用看了，不可能是真的。然后，还得耐心地给他们解释：260多年的清王朝，田黄御玺三百余枚，其中的规格（指长方体）田黄印章的长宽高的最大限度都不会超过3厘米×2厘米×4厘米，而你或你的祖辈区区一平民百姓或五六品芝麻官怎么可能会拥有比“三链章”都大得多的田黄规格章？由于田黄原石多半是畸形的，尤其是100克以上的，极少有周正的，一般说来200多克的田黄原石贡品都无法解出3厘米×2厘米×4厘米的规格章。民间的田黄规格章都小于2厘米×2厘米×3厘米，几乎都是随形章。至于三个指头大小的田黄薄意，其重量肯定在100克以上，市场价就是100万。自清朝以来，一两田黄三两金，妇孺皆知。田黄薄意的原主人怎么可能会送给你或以几百、几千元的价位让你淘到宝？纵有千条购买田黄的经验，都不及“买者没有卖者精”及“便宜没有好货”这两条基本准则。三年来，只确认一小手链（八粒，每粒只有3~5克）为寿山田黄。

10年前田黄的价格是翡翠的数倍、和田籽料的十多倍，而今，高冰种的满翠手镯一只开价几千万元、一亿多元，每克50万元以上，是田黄的几十倍。寿山田黄产地，面积不过1平方公里左右，自乾隆时期至今已挖了200多年，改革开放以来挖地三尺数茬，筛过数遍，早已绝产，2003年起已严禁挖采。因此，目前收藏田黄原石是扩大财富最有效的捷径之一。但是，如何才能买到真正的田黄？这对于绝大部分的藏家来说都是一个令人头疼的大问题。为方便广大读者和田黄爱好者，冒昧推荐以下若干常识和经验：

（1）凡大于2厘米×2厘米×3厘米的田黄规格章不看。

（2）200克以上田黄薄意不看。

（3）无（次生）皮、无汗毛孔的不买。

（4）由于抛光、打磨过的田黄摆件（薄意）、挂件，绝大多数是看不到皮和汗毛孔的（除非底气十足的真田黄会留下一些皮和汗毛孔），再者抛光、打磨过的摆件、挂件染色后不会出现“色反差”（田黄原石凸出部分色深，凹进部分色浅；染色后凸出部分色浅，凹进部分色深），很难判定是否染色，故不买为上策。

（5）没有丫形或不规则网状萝卜丝（纹）的不买。

（6）商家不承诺迪开石主成分或不允许鉴定的不买。

（7）商家不让用温水（一杯开水兑一杯冷水）泡、洗的不买。

（8）50克以下每克少于700元、50克以上每克少于1 500元、100克以上每克少于3 500元的不买。

**参考文献：**


[1] 石巢.印石辨.香港：香港中华书局，1982.

[2] 于海侠，崔文元.田黄鉴定问题的探讨.岩石矿物学杂志，2010，29（supp）：65~80.

[3] 方宗珪.中国寿山石.福州：福建美术出版社，2002.

[4] 王泊乔.对话知名鉴藏家王敬之——收藏田黄如何辨伪存真？收藏界，2005（12）：1~5.

[5] 福州雕刻总厂.福州雕刻艺术.福州：福建美术出版社，2000.7.

[6] 王长秋，崔文元，徐健人，等.昌化田黄的矿物学特征及相关问题探讨.岩石矿物学杂志，2010，29（Z1）：48~55.

[7] 王时麒，范桂珍.田黄鉴定要把握的几个重要问题.岩石矿物学杂志，2010，29（Z1）：81~84.

[8] 高国治.寿山田黄石鉴定概要.岩石矿物学杂志，2010，29（Z1）：90~91.

[9] 李平.田黄萝卜纹的矿物组成与成因分析.岩石矿物学杂志，2010，29（Z1）：34~37.

[10] 李劲松，赵松龄，邱洁，等.浅论田黄石.岩石矿物学杂志，

2010,29(Z1):15~19.

[11] 高山.中国印石.杭州:浙江摄影出版社,2007.

[12] 章家福.昌化田黄在逆境中崛起(续).安徽省情杂志,2006(3):1~6.

[13] 汤德平,郑宗坦.寿山石的矿物组成与宝石学研究.宝石和宝石学杂志,1999,1(4):28~36.

[14] 马泓.福建寿山石的矿物学研究.北京:中国地质大学硕士论文,2008.

[15] 四一七老人(石巢).品石要录.香港:书谱,(34).

[16] 任磊夫.粘土矿物与粘土岩.北京:地质出版社,1992.

[17] 杨雅秀."图章石"的主要成分为迪开石类矿物而非叶蜡石类矿物.建材地质,1995(3):8~14.

[18] 丁尚南.瑰丽· 珍贵的田黄石——简介寿山石之王"田黄".美术之友,1997,(1):64 ~ 65.

[19] 沈喜伦,顾国华.国之珍宝——寿山石、鸡血石.江苏地质,2000,24(4):245 ~ 248.

[20] 施加辛.寿山石有关问题的探讨——兼谈田黄石的命名、评价.珠宝科技,2001(4):21 ~ 24.

[21] 郑晓君.福州寿山田黄石及其鉴别.中国集体经济,2005(8):52 ~ 54.

[22] 董晋琨.福建寿山石矿床的矿物学研究和成因分析.北京:中国地质大学硕士论文,2008.

[23] 薛春纪,祁思敬,隗合明,等.基础矿床学.地质出版社,2007.

# 石　帝　赋

林振山

君王御玺添，
寿山田黄先；
封帝六百年，
存遗小半千。

官宦夜求眠，
商贾昼问仙；
镇官厄运免，
添寿洪福连。

## 二、上品田黄石鉴赏

### 1. 一小两(31.3克)以下上品田黄

极品黄金黄田黄冻原石,27克。黄金黄田黄乃玉石之帝,田黄冻乃田黄石之精品,该田黄冻质地通灵,肌理萝卜丝隐约可见,品质特优,极为可人。符合林振山的寿山田黄六大鉴定原则:(1) 小独石,表面不规则分布多条细绺(格);(2) 不均匀的次生皮(残薄皮)十分显眼;(3) "汗毛孔"清晰可见;(4) 网状萝卜丝清晰可见; (5) 用50℃~60℃的温水擦洗多次,不干、不白、不燥,极其温润;(6) 矿物主成分是迪(地)开石。(下同!)

编号:0001 估价:10~15万

保养须知:每1~2周用抹过护肤脂(露)的手摩挲把玩几分钟,或10~15天擦些白茶油。(下同!)

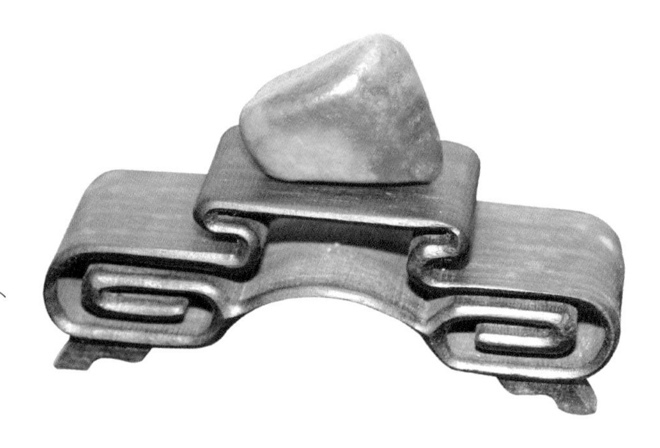

极品橘黄田黄冻原石,13.8克。该石细、结、温、润、凝、腻。符合林振山的寿山田黄六大鉴定原则。

编号:0002 估价:4~6万

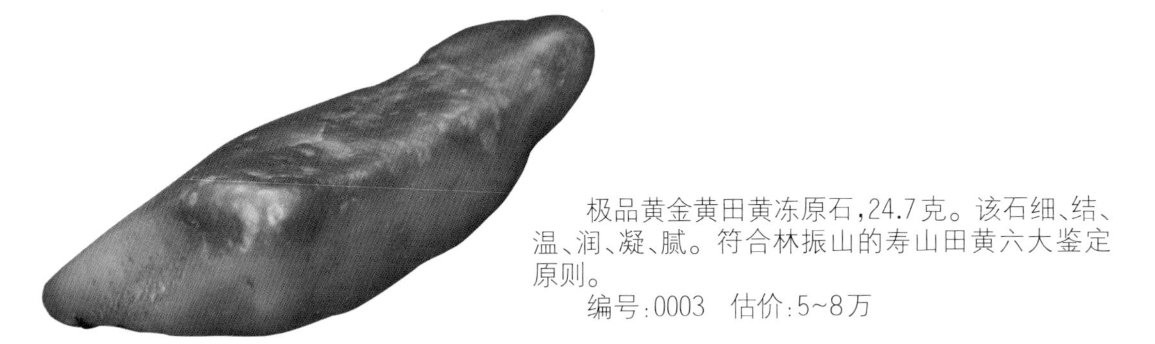

极品黄金黄田黄冻原石,24.7克。该石细、结、温、润、凝、腻。符合林振山的寿山田黄六大鉴定原则。

编号:0003 估价:5~8万

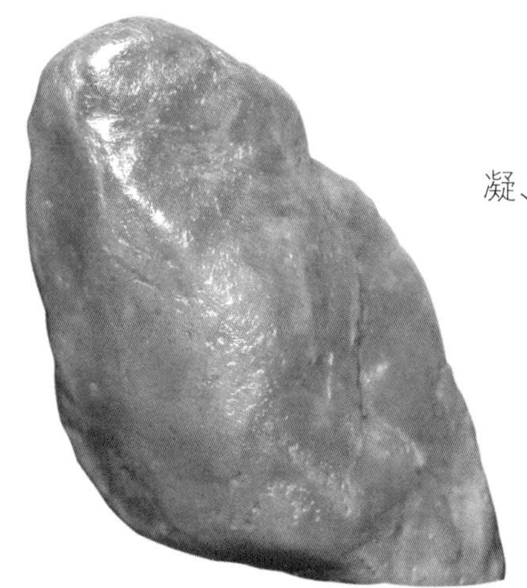

极品红田黄原石，28克。该石细、结、温、润、凝、腻。符合林振山的寿山田黄六大鉴定原则。
编号:0004　估价:8~12万

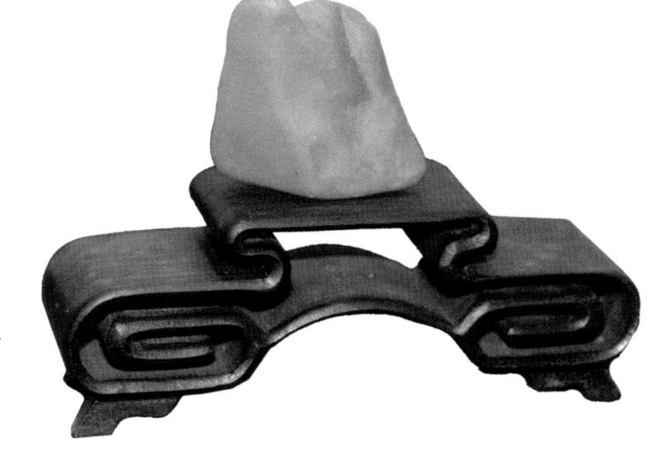

极品黄金黄田黄冻，13克。该石细、结、温、润、凝、腻。符合林振山的寿山田黄六大鉴定原则。
编号:0005　估价:5~7万

极品黄金黄田黄冻，15.2克。该石细、结、温、润、凝、腻。符合林振山的寿山田黄六大鉴定原则。
编号:0006　估价:4~6.5万

极品黄金黄田黄冻，15.3克。章料。该石细、结、温、润、凝、腻。符合林振山的寿山田黄六大鉴定原则。

编号:0007　估价:4~6万

熟栗黄田黄冻，19.8克。章料。该石细、结、温、润、凝、腻。符合林振山的寿山田黄六大鉴定原则。

编号:0008　估价:5~7万

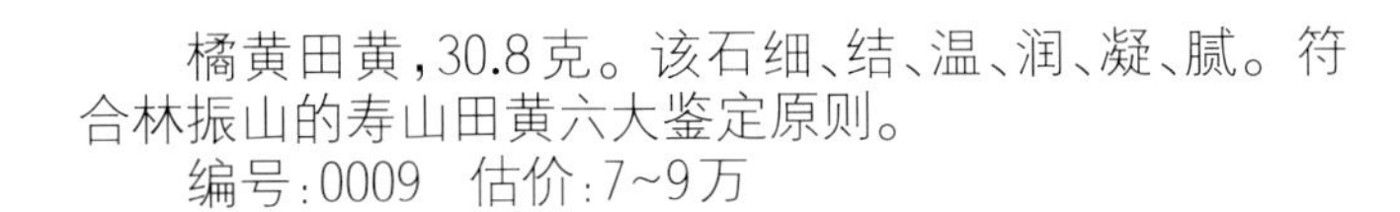

橘黄田黄，30.8克。该石细、结、温、润、凝、腻。符合林振山的寿山田黄六大鉴定原则。

编号:0009　估价:7~9万

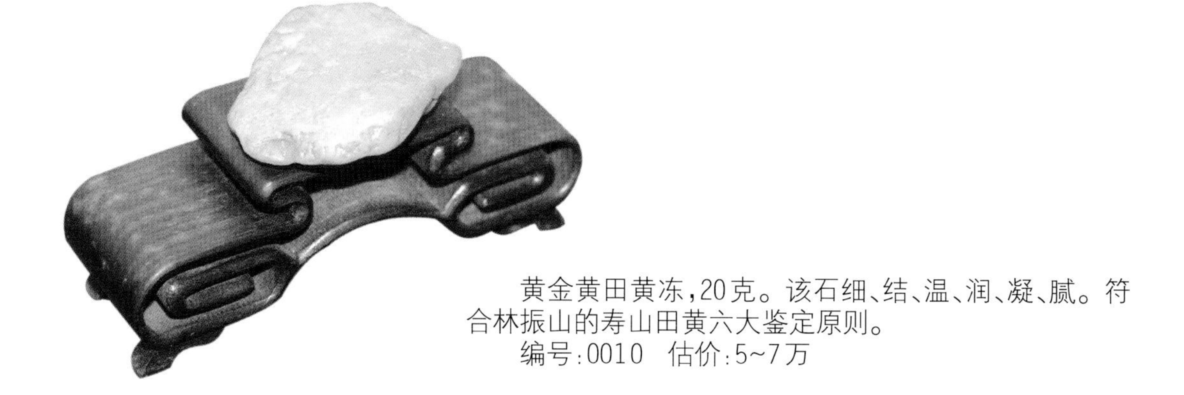

黄金黄田黄冻,20克。该石细、结、温、润、凝、腻。符合林振山的寿山田黄六大鉴定原则。

编号:0010　估价:5~7万

极品黄金黄田黄冻,20.85克。该石细、结、温、润、凝、腻。符合林振山的寿山田黄六大鉴定原则。

编号:0011　估价:6~9万

枇杷黄田黄冻,21克。该石细、结、温、润、凝、腻。符合林振山的寿山田黄六大鉴定原则。

编号:0012　估价:5~7万

黄金黄田黄冻，22克。该石细、结、温、润、凝、腻。符合林振山的寿山田黄六大鉴定原则。

编号:0013　估价:6~9万

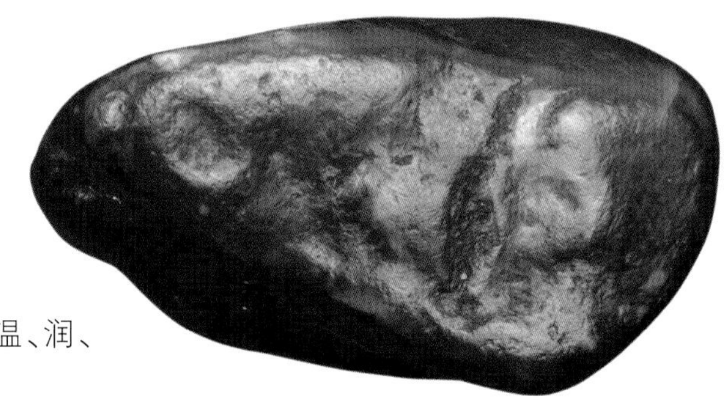

熟栗黄田黄冻原石，21.7克。该石细、结、温、润、凝、腻。符合林振山的寿山田黄六大鉴定原则。

编号:0014　估价:6~9万

乌鸦皮田黄冻原石，19.2克。麻雀虽小五脏俱全。如此完美、精致的乌鸦皮田黄冻如同小天使一样可爱。该石细、结、温、润、凝、腻。符合林振山的寿山田黄六大鉴定原则。

编号:0015　估价:5~7万

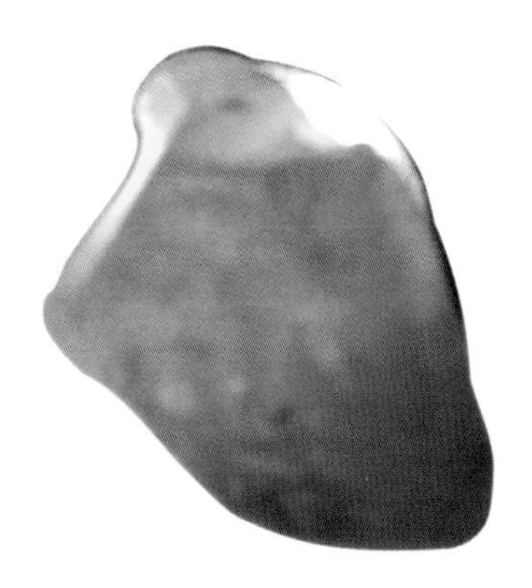

桂花黄田黄冻原石，27克，精致的红格、细密的萝卜丝以及极其温润的手感，让人爱不释手。该石细、结、温、润、凝、腻。符合林振山的寿山田黄六大鉴定原则。

编号：0016　估价：7~9万

熟栗黄田黄冻，31.2克。该石细、结、温、润、凝、腻。符合林振山的寿山田黄六大鉴定原则。

编号：0017　估价：8~12万

说明：为了便于观察萝卜纹，部分表皮用砂纸磨过。

极品熟栗黄田黄冻原石，19.5克。该石细、结、温、润、凝、腻。符合林振山的寿山田黄六大鉴定原则。

编号：0018　估价：5~7万

黄金黄田黄冻,23克。该石细、结、温、润、凝、腻。符合林振山的寿山田黄六大鉴定原则。

编号:0019　估价:7~10万

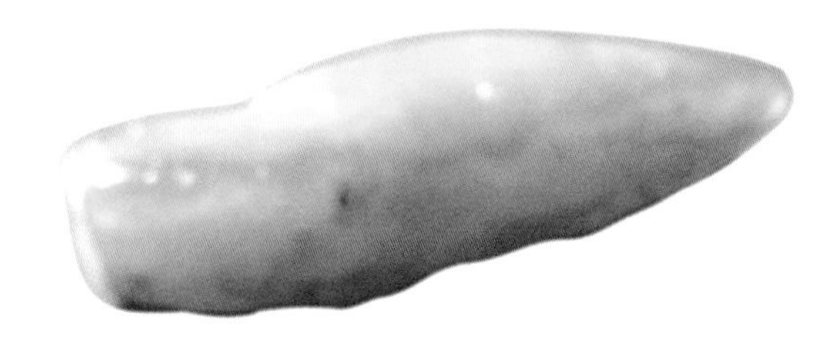

极品黄金黄田黄,28.8克。该石细、结、温、润、凝、腻。符合林振山的寿山田黄六大鉴定原则。

编号:0020　估价:8~12万

极品橘黄田黄,27.7克。该石细、结、温、润、凝、腻。符合林振山的寿山田黄六大鉴定原则。

编号:0021　估价:10~15万

2. 一小两(31.3~62克)规格上品田黄

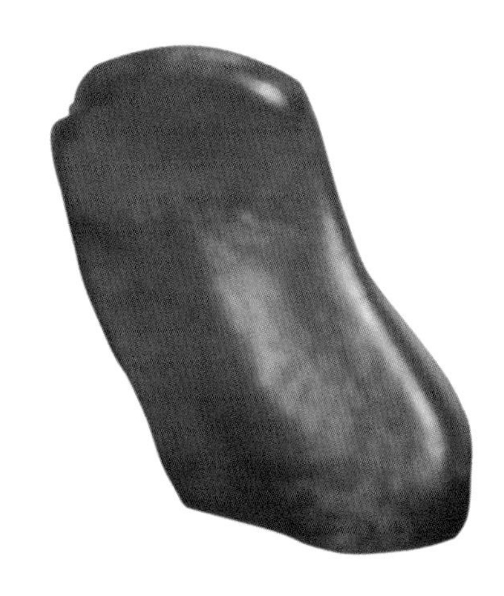

极品黄金黄田黄晶(冻)原石,31.3克。黄金黄田黄乃玉石之帝,田黄冻乃田黄石之精品,田黄晶则为田黄冻的佼佼者。该田黄晶质地通灵,品质特优,为百年一遇的绝品。
编号:1001　估价:18~22万

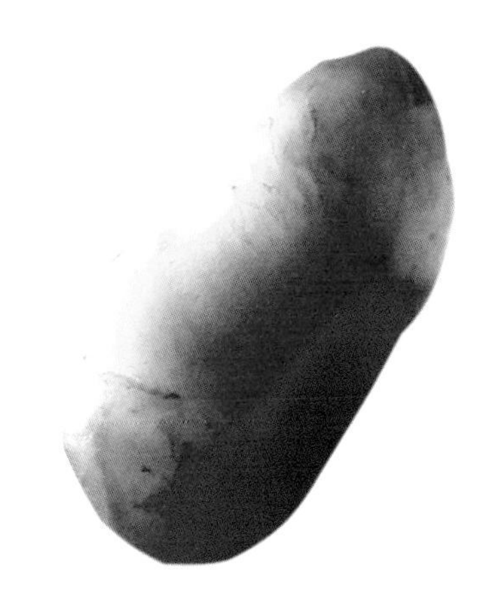

极品黄金黄田黄冻原石,36.5克。该石细、结、温、润、凝、腻。
编号:1002　估价:10~12万

极品黄金黄田黄冻原石,53.6克。该田黄冻质地通灵,品质特优,极为可人。符合林振山的寿山田黄六大鉴定原则。
编号:1003　估价:25~35万

极品白田黄，33.1克。该石细、结、温、润、凝、腻。符合林振山的寿山田黄六大鉴定原则。
编号：1004　估价：8~12万
说明：底部含有3~5克的粗石。

熟栗黄田黄，35.5克。该石细、结、温、润、凝、腻。符合林振山的寿山田黄六大鉴定原则。
编号：1005　估价：9~12万

枇杷黄田黄，53克。该石细、结、温、润、凝、腻。符合林振山的寿山田黄六大鉴定原则。
编号：1006　估价：16~22万

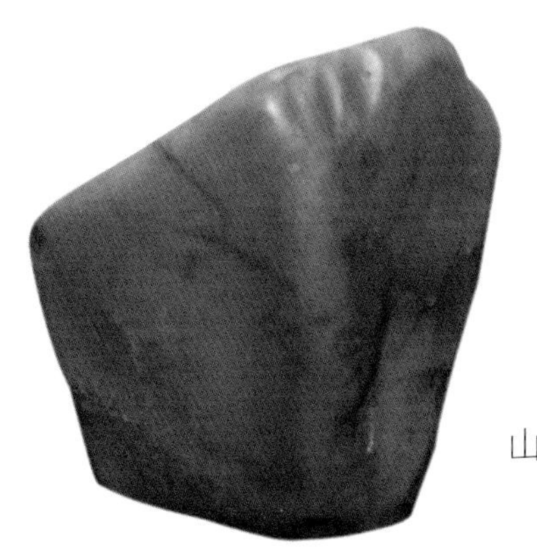

黄金黄田黄，51克。该石细、结、温、润、凝、腻。符合林振山的寿山田黄六大鉴定原则。

编号：1007　估价：18~22万

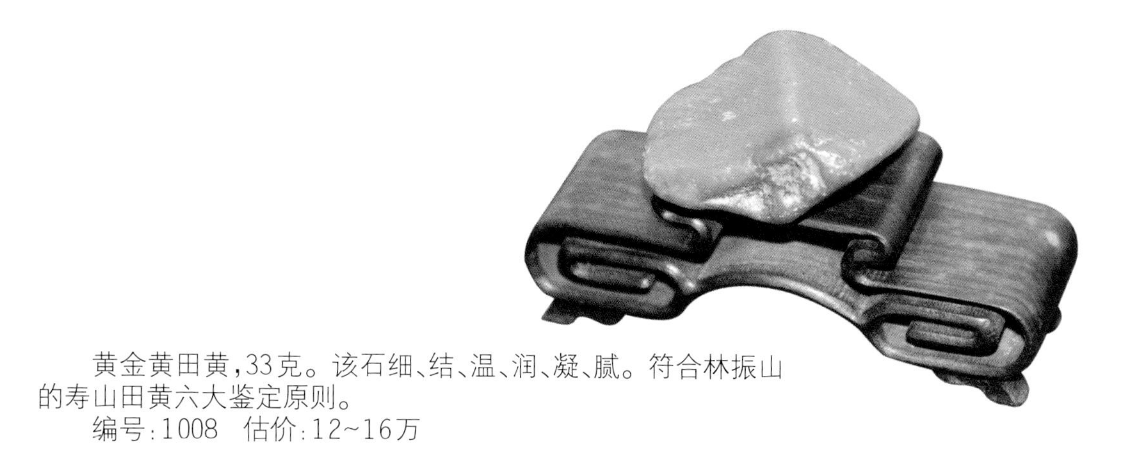

黄金黄田黄，33克。该石细、结、温、润、凝、腻。符合林振山的寿山田黄六大鉴定原则。

编号：1008　估价：12~16万

熟栗黄田黄，39.3克。该石细、结、温、润、凝、腻。符合林振山的寿山田黄六大鉴定原则。

编号：1009　估价：14~16万

熟栗黄田黄,39.7克。该石细、结、温、润、凝、腻。符合林振山的寿山田黄六大鉴定原则。
编号:1010　估价:12~16万

橘黄田黄,34.1克。该石细、结、温、润、凝、腻。符合林振山的寿山田黄六大鉴定原则。
编号:1011　估价:13~17万
说明:为了便于观察萝卜纹,部分表皮用砂纸磨过。

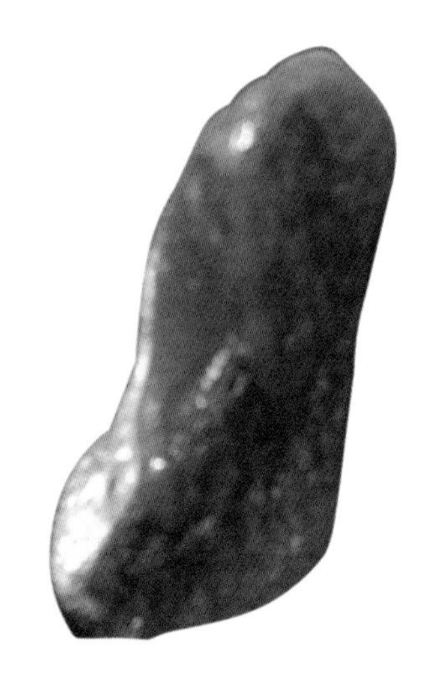

熟栗黄田黄,38.1克。该石细、结、温、润、凝、腻。符合林振山的寿山田黄六大鉴定原则。
编号:1012　估价:12~14万

乌鸦皮田黄冻原石,35克。该石细、结、温、润、凝、腻。符合林振山的寿山田黄六大鉴定原则。
编号:1013　估价:10~12万

极品枇杷黄田黄冻原石,45.6克。该石细、结、温、润、凝、腻。符合林振山的寿山田黄六大鉴定原则。
编号:1014　估价:16~22万

熟栗黄田黄冻原石,34克。该石细、结、温、润、凝、腻。符合林振山的寿山田黄六大鉴定原则。
编号:1015　估价:12~16万

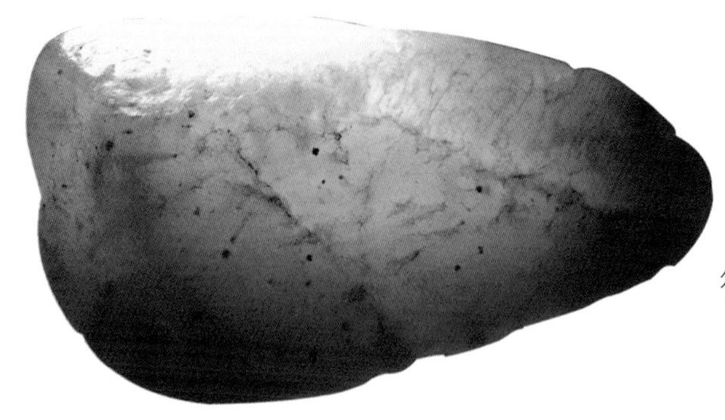

枇杷黄田黄原石，34.6克。该石细、结、温、润、凝、腻。符合林振山的寿山田黄六大鉴定原则。
编号：1016　估价：12~16万

极品田黄冻原石，35.7克。该石细、结、温、润、凝、腻。符合林振山的寿山田黄六大鉴定原则。
编号：1017　估价：12~18万

极品桂花黄田黄冻原石，43.5克。该石细、结、温、润、凝、腻。符合林振山的寿山田黄六大鉴定原则。
编号：1018　估价：16~18万

极品田黄冻原石，39.4克。该石细、结、温、润、凝、腻。符合林振山的寿山田黄六大鉴定原则。
编号：1019　估价：16~22万

乌鸦皮田黄原石，46克。该石细、结、温、润、凝、腻。符合林振山的寿山田黄六大鉴定原则。
编号：1020　估价：16~22万

极品橘黄田黄冻原石，50.8克。该石细、结、温、润、凝、腻。符合林振山的寿山田黄六大鉴定原则。
编号：1021　估价：24~30万

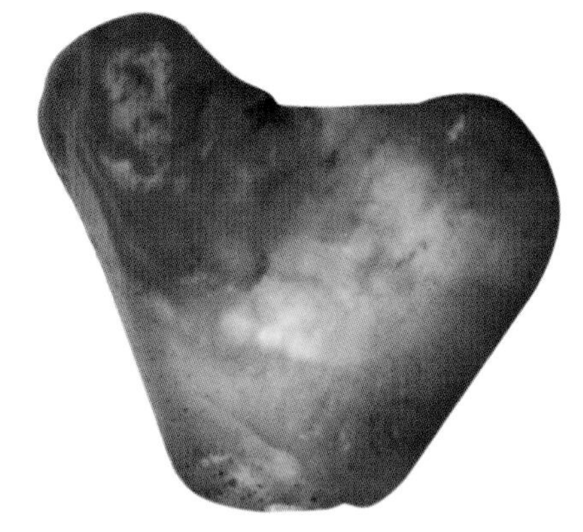

金镶银田黄冻原石,46克。该石细、结、温、润、凝、腻。符合林振山的寿山田黄六大鉴定原则。

编号:1022 估价:16~20万

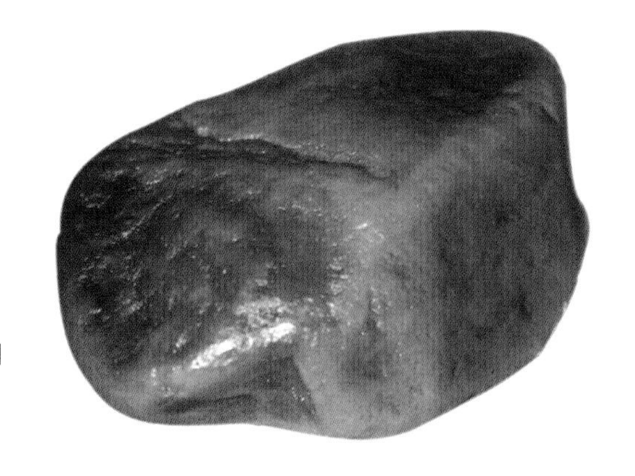

田黄原石,49.5克。该石细、结、温、润、凝、腻。符合林振山的寿山田黄六大鉴定原则。

编号:1023 估价:23~28万

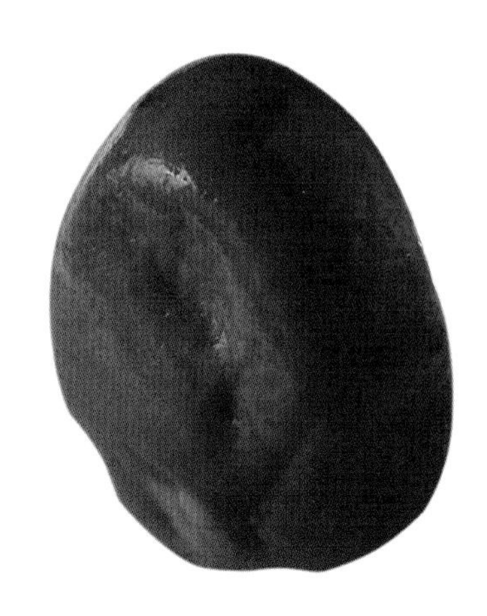

极品枇杷黄田黄原石,62克。如此精致、空灵通透的黄金黄田黄实乃天赐神品。细密的萝卜丝、鲜红的筋,通体明透,润泽无比,罕有难见。

编号:1024 估价:24~30万

田黄原石，39克。该石细、结、温、润、凝、腻。符合林振山的寿山田黄六大鉴定原则。

编号：1025　估价：13~16万

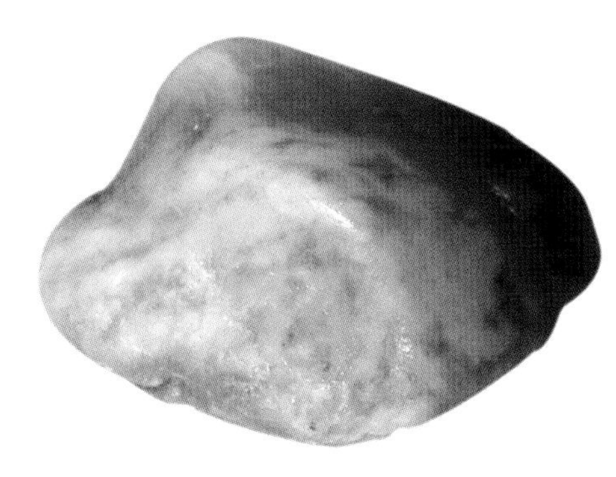

银包金灰田，37.5克。银包金灰田为田黄中的稀品。细、洁、温、润、凝、腻，自然光下内泛红光，宝气四溢，灵秀无比。

编号：1026　估价：13~16万

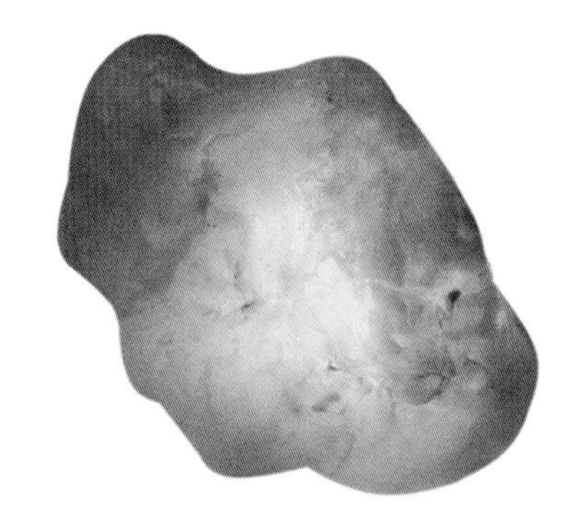

极品黄金黄田黄冻原石，42克。该石细、结、温、润、凝、腻。符合林振山的寿山田黄六大鉴定原则。

编号：1027　估价：16~18万

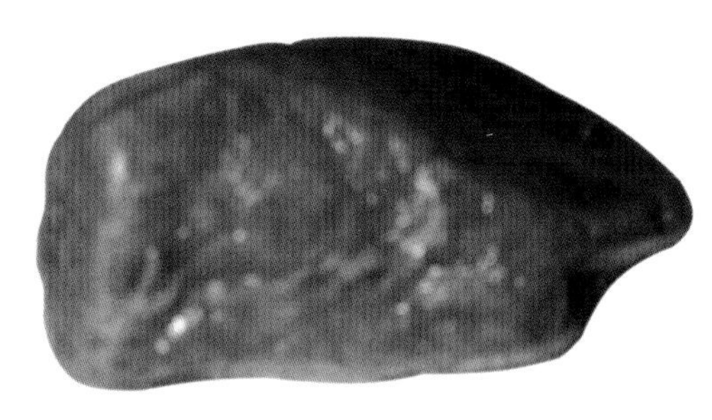

黄金黄田黄原石,47克。该石细、结、温、润、凝、腻。符合林振山的寿山田黄六大鉴定原则。
编号:1028 估价:14~18万

黄金黄田黄,57.3克。该石细、结、温、润、凝、腻。符合林振山的寿山田黄六大鉴定原则。
编号:1029 估价:20~28万

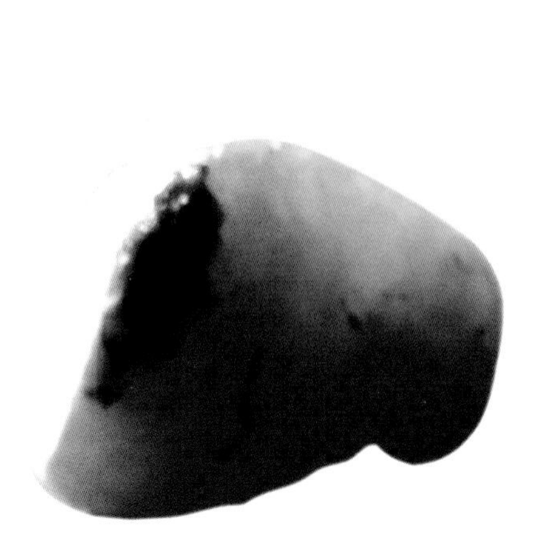

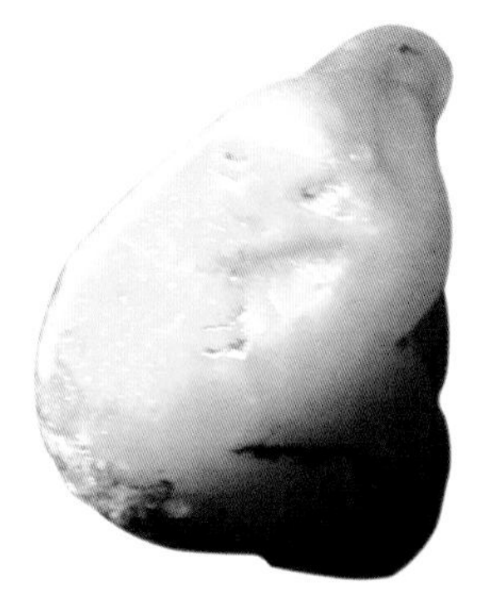

黄金黄田黄,56.1克。该石细、结、温、润、凝、腻。符合林振山的寿山田黄六大鉴定原则。
编号:1030 估价:18~25万

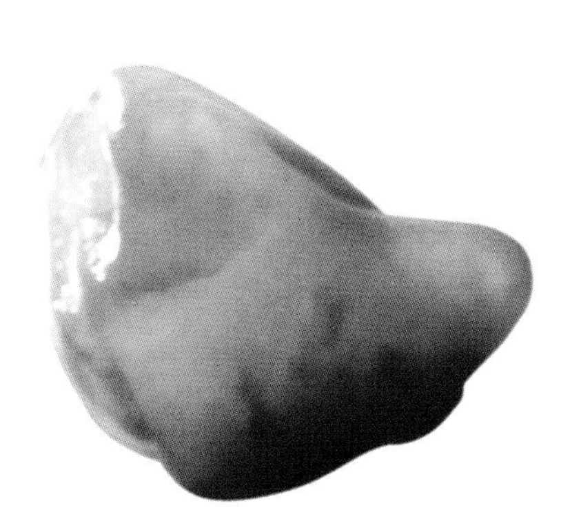

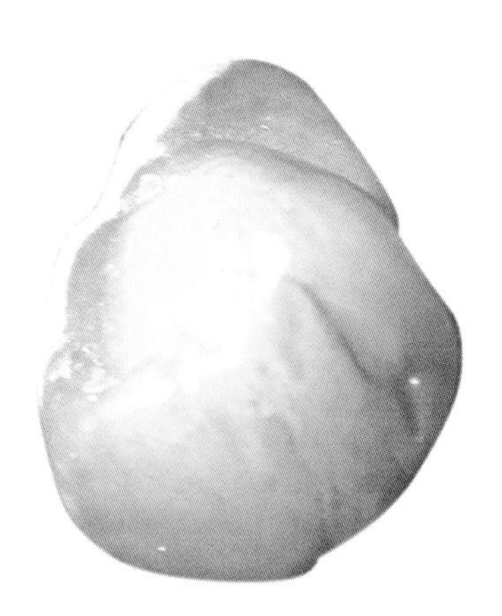

极品黄金黄田黄冻,53.9克。该石细、结、温、润、凝、腻。符合林振山的寿山田黄六大鉴定原则。
编号:1031　估价:25~35万

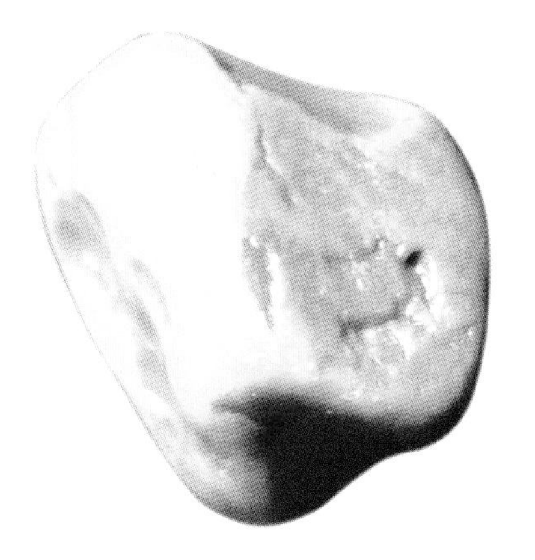

极品黄金黄田黄,45.45克。该石细、结、温、润、凝、腻。符合林振山的寿山田黄六大鉴定原则。
编号:1032　估价:22~30万

### 3. 二小两(63~94克)规格上品田黄原石

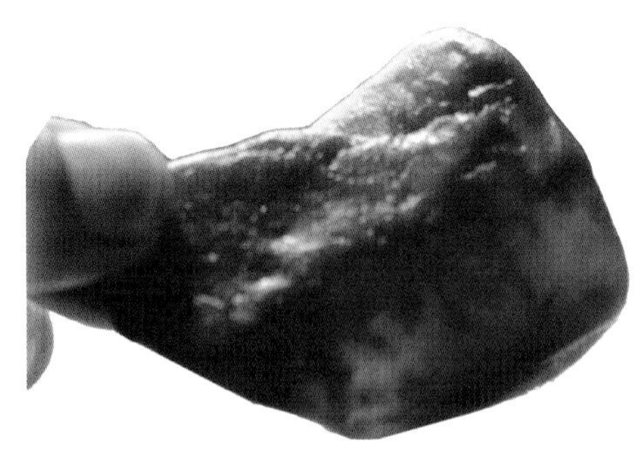
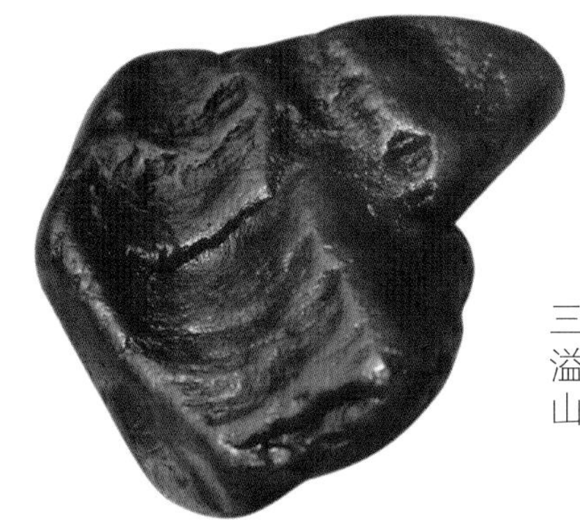

极品乌鸦皮田黄冻原石,74克。沁黑入骨三分,且在自然光下如此通透、凝灵成冻、宝光四溢的乌鸦皮田黄石寥若晨星。符合林振山的寿山田黄六大鉴定原则。

编号:3001　估价:35~45万

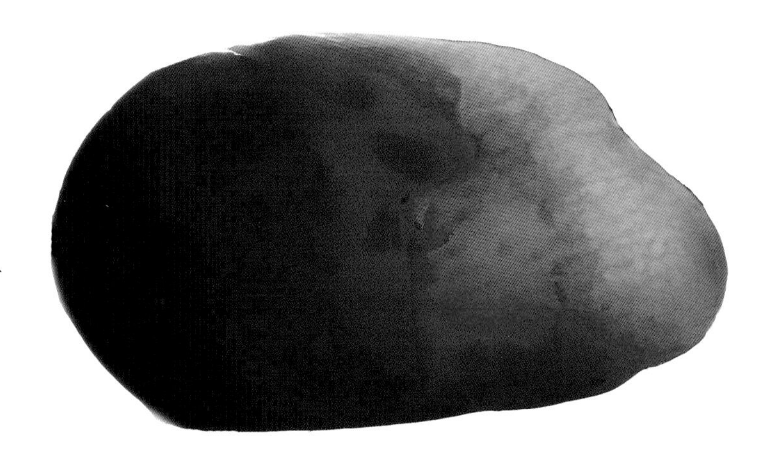

极品橘黄田黄原石,70.6克。该石细、结、温、润、凝、腻。符合林振山的寿山田黄六大鉴定原则。

编号:3002　估价:35~40万

说明:底部约20克,石性很重。

极品枇杷黄田黄冻原石,68克。该石符合林振山的寿山田黄六大鉴定原则,通体已熟透成冻。

编号:3003　估价:27~40万

红田黄原石，74克。该石细、结、温、润、凝、腻。符合林振山的寿山田黄六大鉴定原则。

编号：3004　估价：28~35万

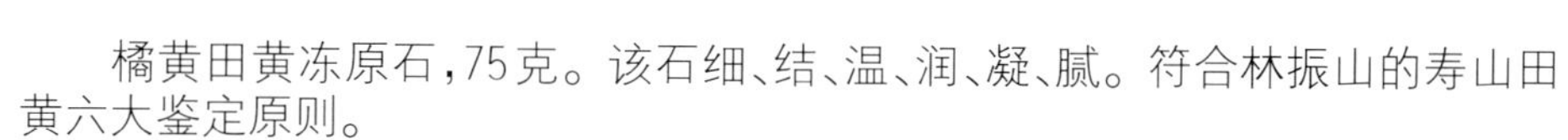

橘黄田黄冻原石，75克。该石细、结、温、润、凝、腻。符合林振山的寿山田黄六大鉴定原则。

编号：3005　估价：30~37万

银镶金田黄原石，64克。薄薄银衣下略带微红的几条细格格外醒目，质地纯正，通体熟透。在自然光下红宝气（光）四溢。符合林振山的寿山田黄六大鉴定原则。

编号：3006　估价：25~32万

说明：底部约15克，石性很重。

熟栗黄田黄冻原石,63.7克。该石细、结、温、润、凝、腻。符合林振山的寿山田黄六大鉴定原则。

编号:3007　估价:25~32万

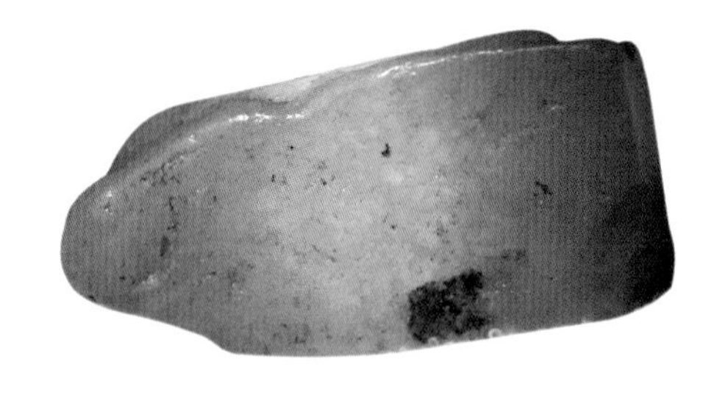

极品白田黄冻原石,86克。该石质地细腻如凝脂,空灵绝妙,阳春白雪。标准而经典的密布萝卜丝让人过目不忘。符合林振山的寿山田黄六大鉴定原则。

编号:3008　估价:38~48万

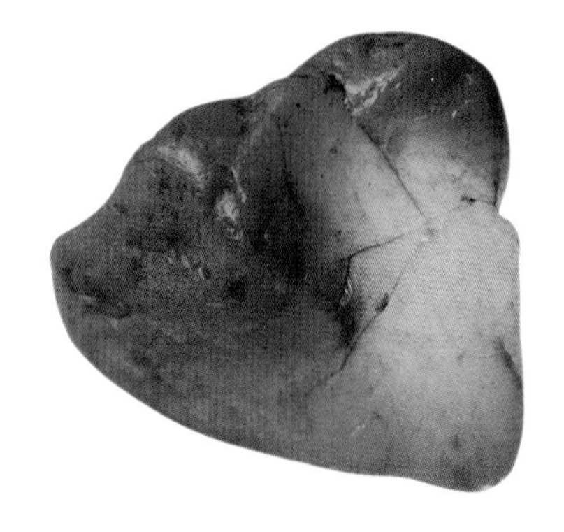

桂花黄田黄原石,66克。色如桂花,娇艳无比,庄重而清雅,宋美龄的"宋氏"小玺即选桂花黄田黄。其精美的萝卜丝和通透感几无他石能出其右。

编号:3009　估价:26~30万

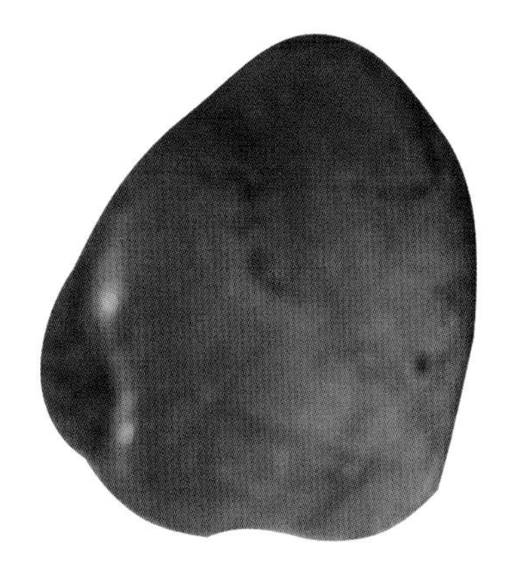

枇杷黄田黄原石,81克。该石石质极为温润、绵密、细腻、凝重,天生帅印,符合林振山的寿山田黄六大鉴定原则。

编号:3010　估价:40~52万

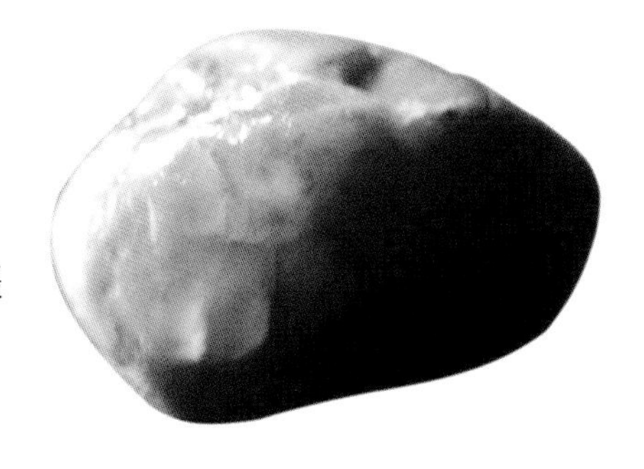

黄金黄田黄原石,86.7克。该石细、结、温、润、凝、腻。符合林振山的寿山田黄六大鉴定原则。

编号:3011　估价:42~50万

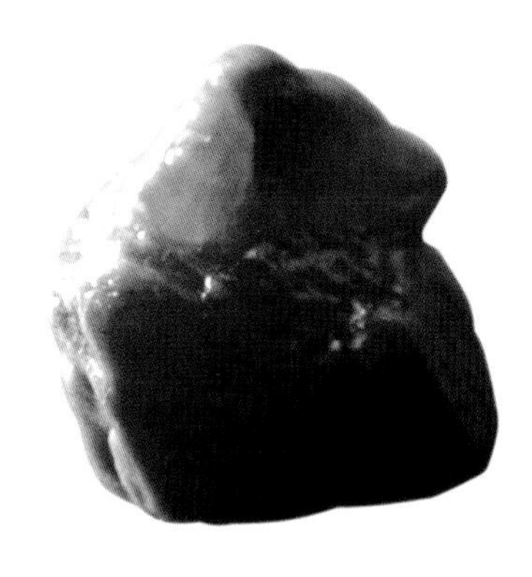

熟栗黄田黄原石，69.3克。该石细、结、温、润、凝、腻。符合林振山的寿山田黄六大鉴定原则。
编号:3012　估价:25~32万

枇杷黄田黄原石，87克。该石细、结、温、润、凝、腻。符合林振山的寿山田黄六大鉴定原则。
编号:3013　估价:40~48万

鸡油黄田黄冻原石，75克。该石细、结、温、润、凝、腻，其精美的红格、萝卜纹和通透感无与伦比。符合林振山的寿山田黄六大鉴定原则。
编号:3014　估价:32~40万

熟栗黄田黄原石,66.5克。该石细、结、温、润、凝、腻。符合林振山的六大鉴定原则。

编号:3015　估价:25~30万

橘黄田黄原石,84.3克。该石细、结、温、润、凝、腻。符合林振山的六大鉴定原则。

编号:3016　估价:33~42万

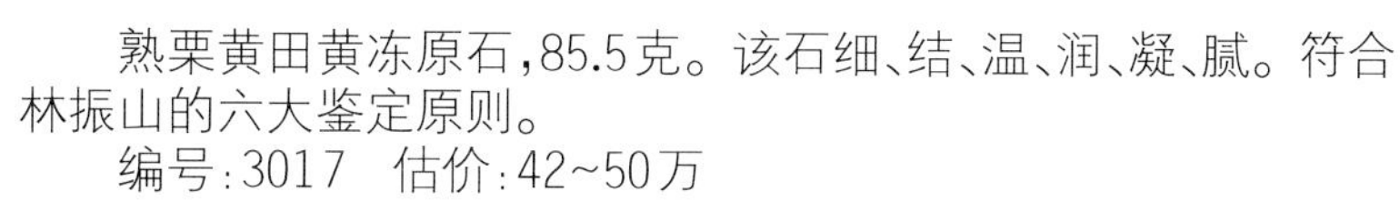

熟栗黄田黄冻原石,85.5克。该石细、结、温、润、凝、腻。符合林振山的六大鉴定原则。

编号:3017　估价:42~50万

熟栗黄田黄原石,82克。三要素齐全,六德兼备,质地均匀细腻,宝光四溢,人见人爱。符合林振山的寿山田黄六大鉴定原则。

编号:3018　估价:42~50万

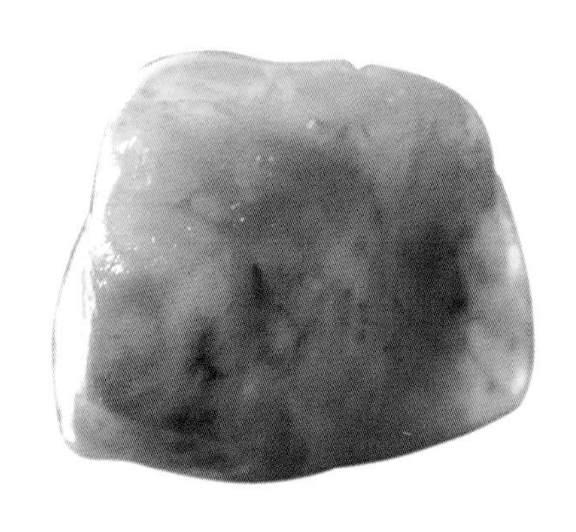

极品黄金黄田黄冻原石,66.39克。该石细、结、温、润、凝、腻。符合林振山的六大鉴定原则。

编号:3019　估价:26~40万

极品田黄冻原石，90克。符合林振山的寿山田黄六大鉴定原则。
编号：3020　估价：40~55万

极品枇杷黄田黄原石，93克。该原石不仅三要素齐全，六德兼备，而且通体熟透而能在自然光下散发出暗红色的宝光，天然的宝座随型章料使该石的收藏价值和艺术价值倍增。

编号：3021　估价：50~65万

**4. 三四小两(94~157克)上品大田黄原石**

极品枇杷黄田黄原石，104克。该石细、结、温、润、凝、腻。符合林振山的寿山田黄六大鉴定原则。

编号：4001　估价：65~80万

银包金田黄原石,126克。质地纯正,通体熟透,美轮美奂。符合林振山的寿山田黄六大鉴定原则。

编号:4002　估价:60~75万

说明:尾部20克左右,石性很重。

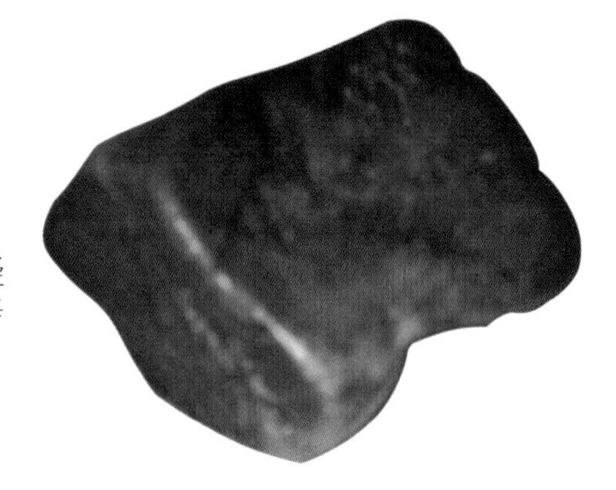

极品橘黄田黄冻原石,94.6克。如此玲珑、通灵、凝腻、精致,实属可遇不可求的传世瑰宝。符合林振山的寿山田黄六大鉴定原则。

编号:4003　估价:55~65万

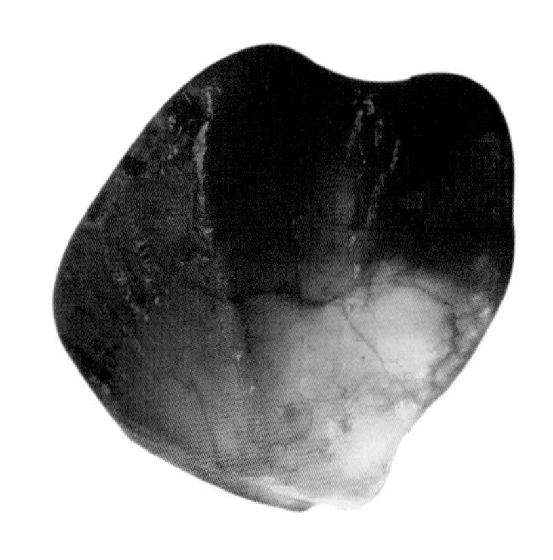

熟栗黄田黄冻原石,98克。所谓的黏岩皮就是迪开石所带的少许岩衣在千万年的排蜡代谢地质进程中彻底地熟化了。健康排蜡代谢的前提就是要有发达的内外大小不一的“通道”,即发达的萝卜纹和红格。彻底的排蜡代谢必空灵其质、均衡其内、脂润其表。因此,黏岩皮田黄必为上品。

编号:4004　估价:55~60万

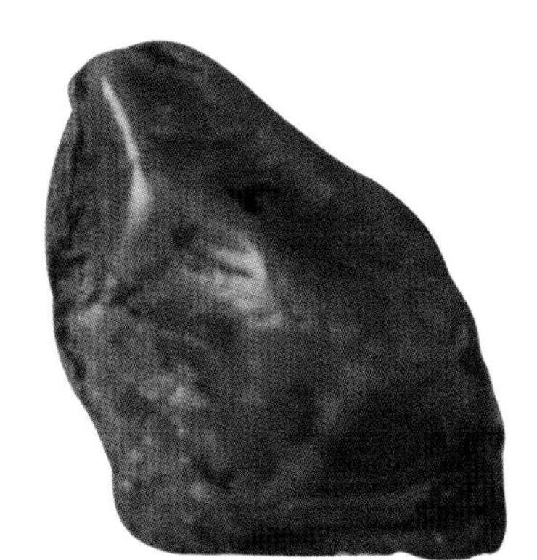

极品黄金黄乌鸦皮田黄冻原石，129克。明清以来，100克以上的田黄原石都是达官显贵竞相刻意收集的珍宝，现已很少面世。100克以上的乌鸦皮田黄原石更是寥若晨星。最难得的是该原石不仅集黄金黄、黏岩皮、乌鸦皮三大著名皮相于一身，而且六德兼备，玲珑剔透。符合林振山的寿山田黄六大鉴定原则。

编号：4005　估价：70~85万

说明：底部约35克，石性很重。

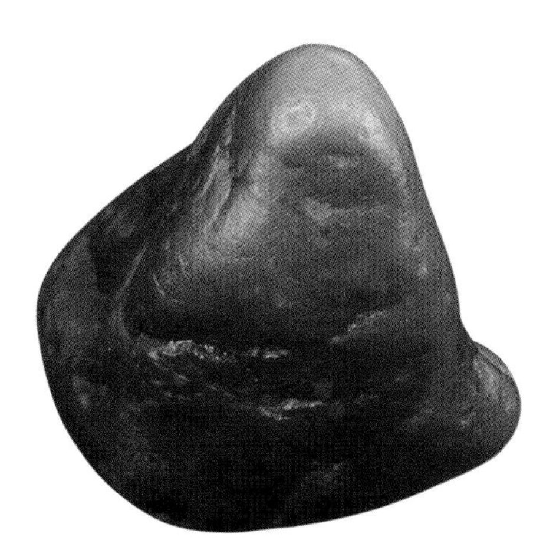

极品熟栗黄田黄冻原石，116.8克。该石通体已熟透成冻。符合林振山的寿山田黄六大鉴定原则。

编号：4006　估价：60~70万

说明：底部约30克，石性很重。

### 5. 五小两(157克)以上超大(贡品级)田黄原石

极品乌鸦皮田黄冻,179克。外皮黑的如漆似炭,黄的则栗黄如金,反差强烈。集凝结、脂润、纯净、细腻为一身。黑之尊严,黄之金贵,完美的结合,尽显小王子风范。以如此硕大、自然章料、品相出众、质地纯真的乌鸦皮冻田,号令众乌鸦们,谁敢不从? 不仅符合林振山的寿山田黄六大鉴定原则,“皮、格、萝卜丝(纹)”三要素齐全、六德兼备,而且通体熟透而能在自然光下散发出暗红色的宝光,实属可遇不可求的国宝。

编号:5001　估价:120~135万

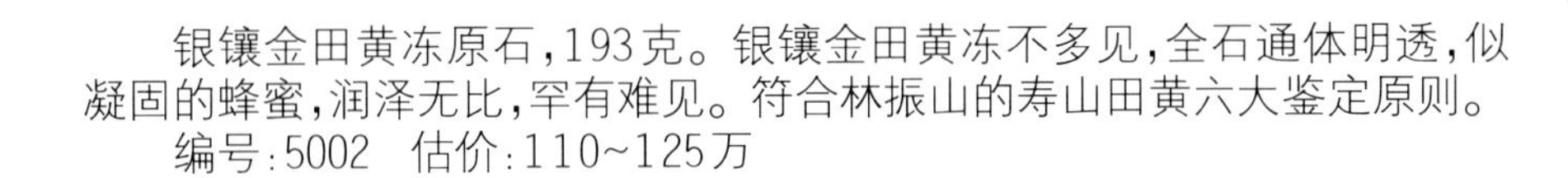

银镶金田黄冻原石,193克。银镶金田黄冻不多见,全石通体明透,似凝固的蜂蜜,润泽无比,罕有难见。符合林振山的寿山田黄六大鉴定原则。

编号:5002　估价:110~125万

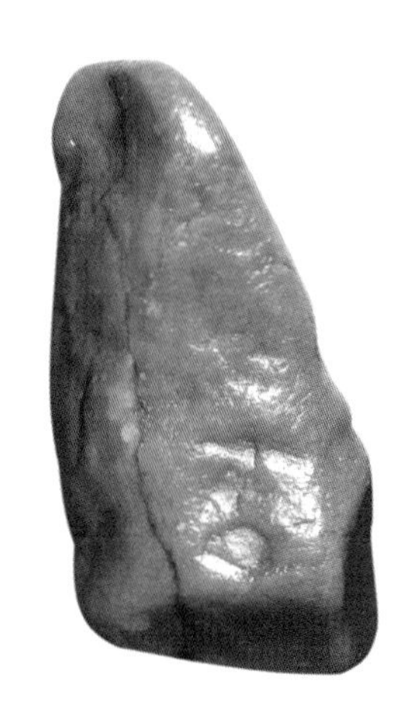

熟栗黄田黄原石,184克。三要素齐全,六德兼备,质地均匀细腻,宝光四溢。符合林振山的寿山田黄六大鉴定原则。

编号:5003　估价:110~125万

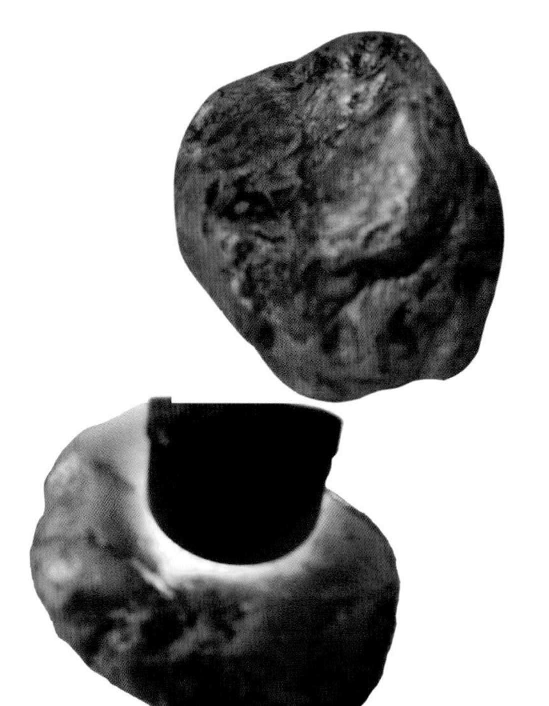

极品黄金黄田黄原石,192克。黄金黄乃田石之帝,该田黄三要素齐全,六德兼备,宝光四溢。符合林振山的寿山田黄六大鉴定原则。天然的坐佛形象和随型章章料使该石的收藏价值和艺术价值倍增。

编号:5004　估价:120~135万

说明:底部石性较重。

极品橘黄田黄冻原石,268克。该石为半斤以上的冻石,属于贡品级国宝。石质极为温润、绵密、细腻、凝重。三要素齐全,六德兼备,宝光四溢。符合林振山的寿山田黄六大鉴定原则。

编号: g001

贡品级国宝，属于有缘、有福之君子。该田黄三要素齐全，六德兼备，宝光四溢。符合林振山的寿山田黄六大鉴定原则。

编号：g002

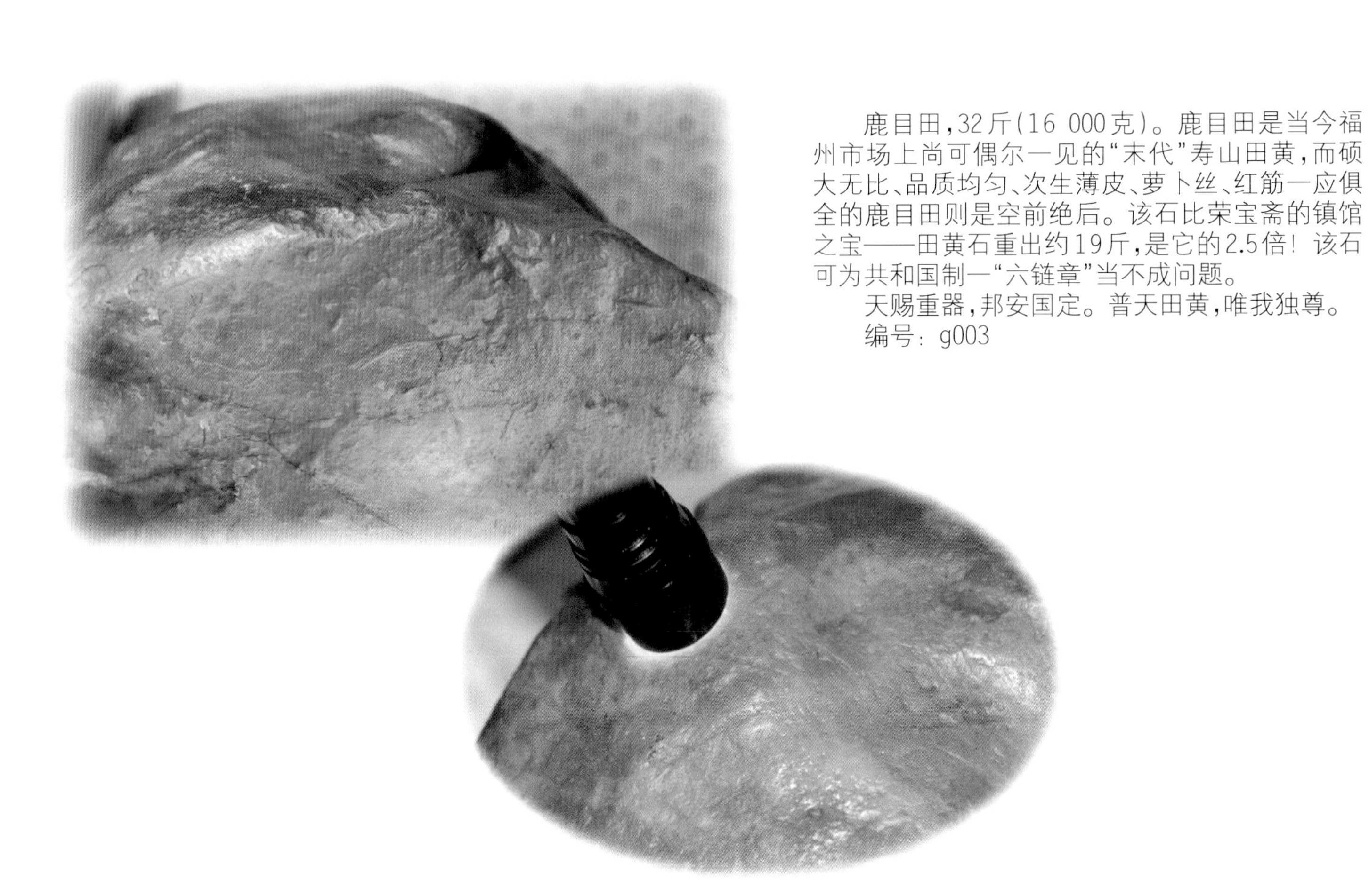

鹿目田，32斤（16 000克）。鹿目田是当今福州市场上尚可偶尔一见的“末代”寿山田黄，而硕大无比、品质均匀、次生薄皮、萝卜丝、红筋一应俱全的鹿目田则是空前绝后。该石比荣宝斋的镇馆之宝——田黄石重出约19斤，是它的2.5倍！该石可为共和国制一“六链章”当不成问题。

天赐重器，邦安国定。普天田黄，唯我独尊。

编号：g003

# 第二部分
# 书画真迹

## 一、清朝与民国名人、大师书画真迹

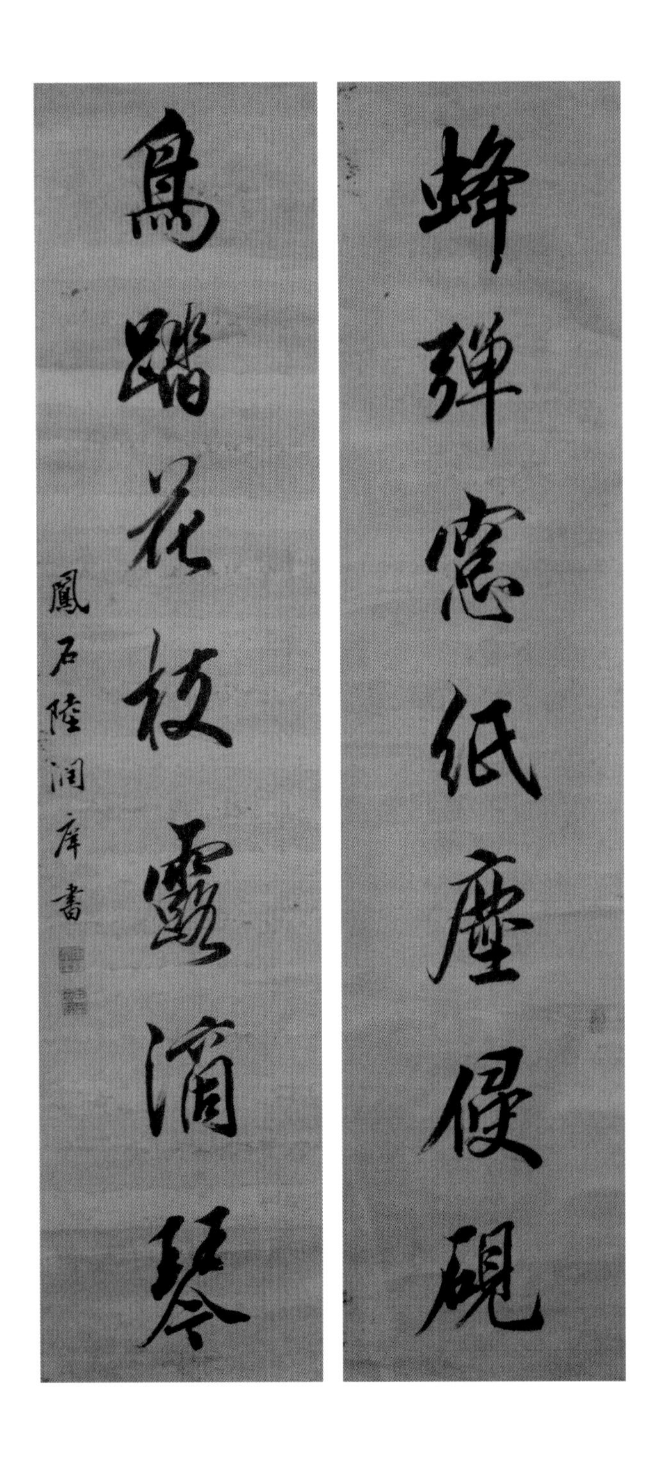

沈尹默书法(134 cm×32 cm)×4

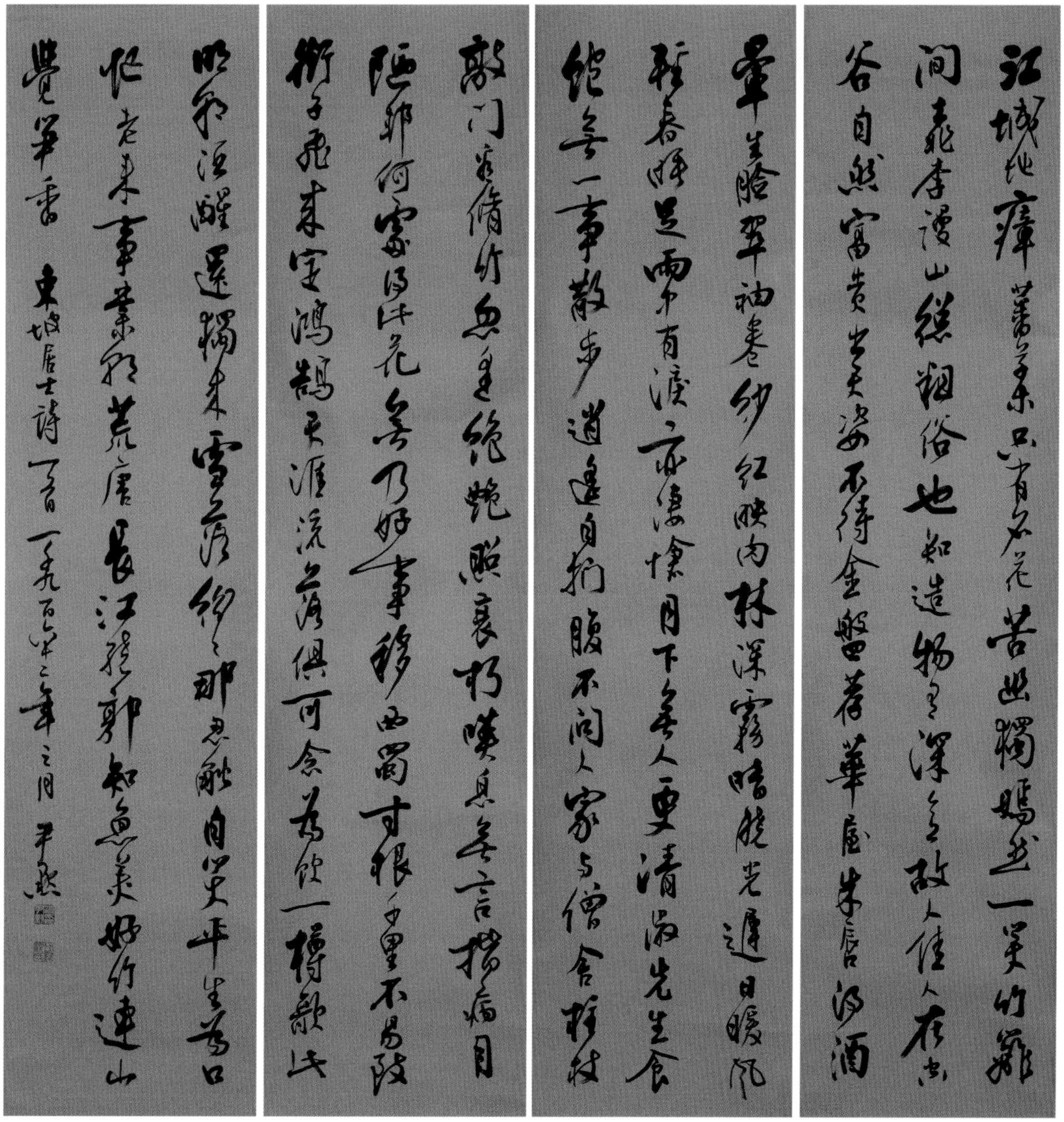

沈尹默(1883—1971)是我国当代杰出的书法家，也是一位诗人。原名尹默，浙江吴兴人。早年留学日本，1916年在蔡元培主持北大时任教。后任北大教授，北平大学校长。新中国成立后，曾任中央文史馆副馆长。沈尹默先生的一生无疑于书法的成就最高，他从事书法美术的研究和创作近80年之久。

胡适书法(60 cm×30 cm)

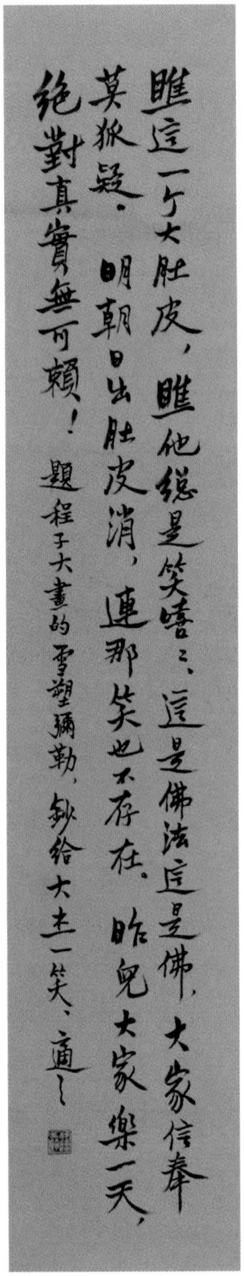

胡适(1891—1962),汉族,安徽绩溪人。原名嗣穈,学名洪骍,字希疆,后改名胡适,字适之,笔名天风、藏晖等。现代著名学者、诗人、历史学家、文学家、哲学家。因提倡文学改良而成为新文化运动的领袖之一,与陈独秀同为五四运动的轴心人物,对中国近代史产生了较为深远的影响。曾担任国立北京大学校长、台湾"中央研究院"院长等职。

刘大杰为民国著名学者,与胡适深交。

刘大杰(1904—1977),现代学者、作家、翻译家,笔名大杰、雪容女士、绿蕉、夏绿蕉、修士、湘君、刘山等,室名春波楼。中国文学学者。湖南岳阳人。曾任上海大东书局编辑、安徽大学教授、四川大学中文系主任、上海临时大学文法科主任、暨南大学文学院院长。

汪精卫书法(60 cm×40 cm)

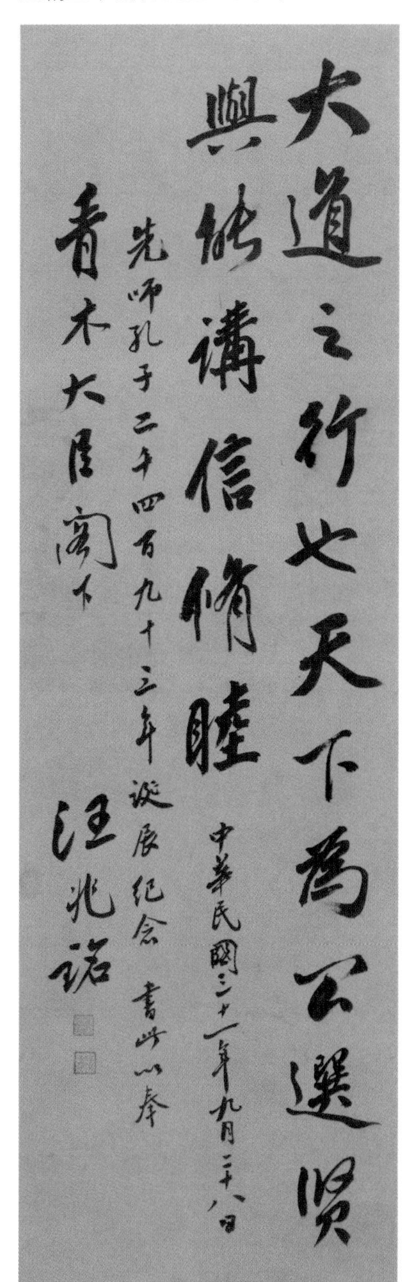


汪兆铭(1883—1944)字季新,笔名精卫。早年积极投身革命,1921年孙文在广州就任非常大总统,汪任广东省教育会长、广东政府顾问。曾任武汉国民政府主席。后期思想明显蜕变,于抗日战争期间投靠日本,沦为汉奸。

纸、墨、印均老。为公、讲信、修睦乃汪精卫的口头禅。前些年上海一场拍卖会,一件汪精卫书法作品以22万元港币拍出,立时引起各界的热烈讨论。

陈立夫书法（130 cm×49 cm）

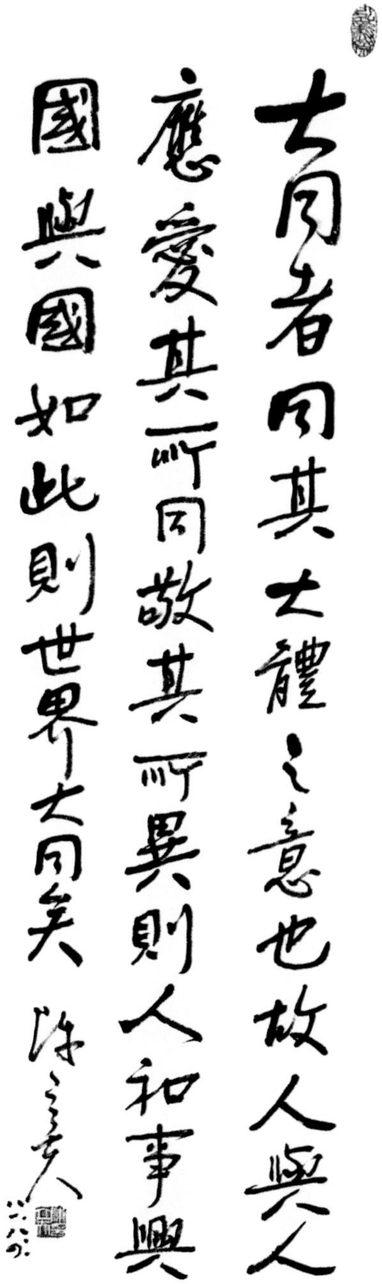

陈立夫（1900—2001），浙江吴兴（现湖州市）人，名祖燕，号立夫。陈立夫是20世纪中国的重要人物之一，中国国民党政治家，大半生纵横政海，曾历任蒋介石机要秘书、国民党秘书长、教育部长、“立法院”副院长等各项要职。尤其作为有留美背景的教育部长，在战乱期间对中国教育事业的发展作出了卓著的贡献。

周作人书法（50 cm×35 cm）

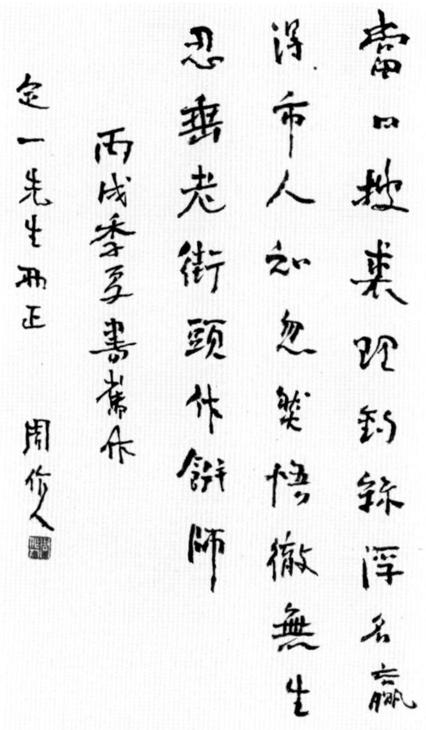

周作人（1885—1967），浙江绍兴人。字星杓，又名启明、启孟、起孟，笔名遐寿、仲密、岂明，号知堂、药堂、独应等。历任国立北京大学教授、东方文学系主任，燕京大学新文学系主任，曾任“新潮社”主任编辑。五四运动之后，与鲁迅、林语堂、孙伏园等创办《语丝》周刊，任主编和主要撰稿人。抗战后，因曾出任汪精卫政权华北政务委员会委员，和日本人在文化上合作，被押解南京并被高等法院判为汉奸。蒋梦麟为之求情，1949年1月26日被放。

冯玉祥书法(66 cm×37 cm)

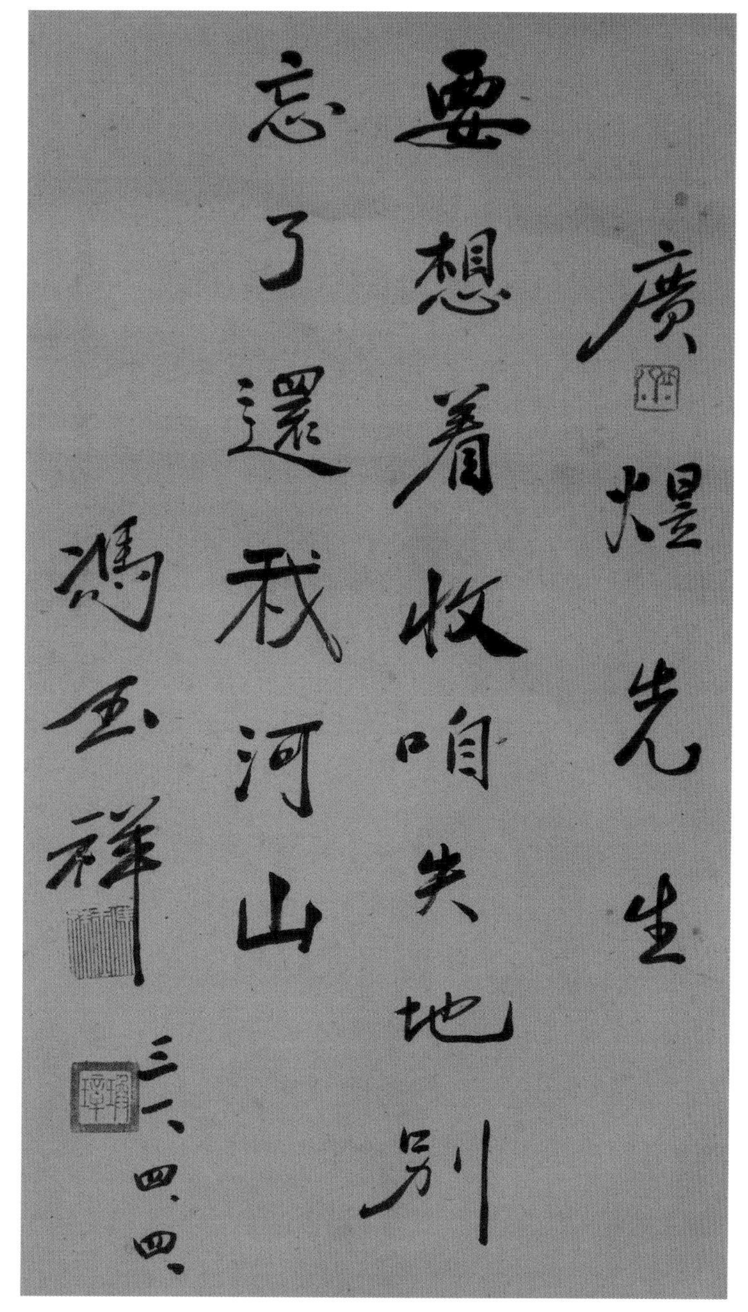


冯玉祥(1882—1948),原名冯基善,字焕章,原籍安徽巢县(今安徽省巢湖市夏阁镇竹柯村)人,寄籍河北保定。民国时期著名军阀、军事家、爱国将领,著名民主人士;国民革命军陆军一级上将,蒋介石的结拜兄弟。

梁漱溟书法(65 cm×35 cm)

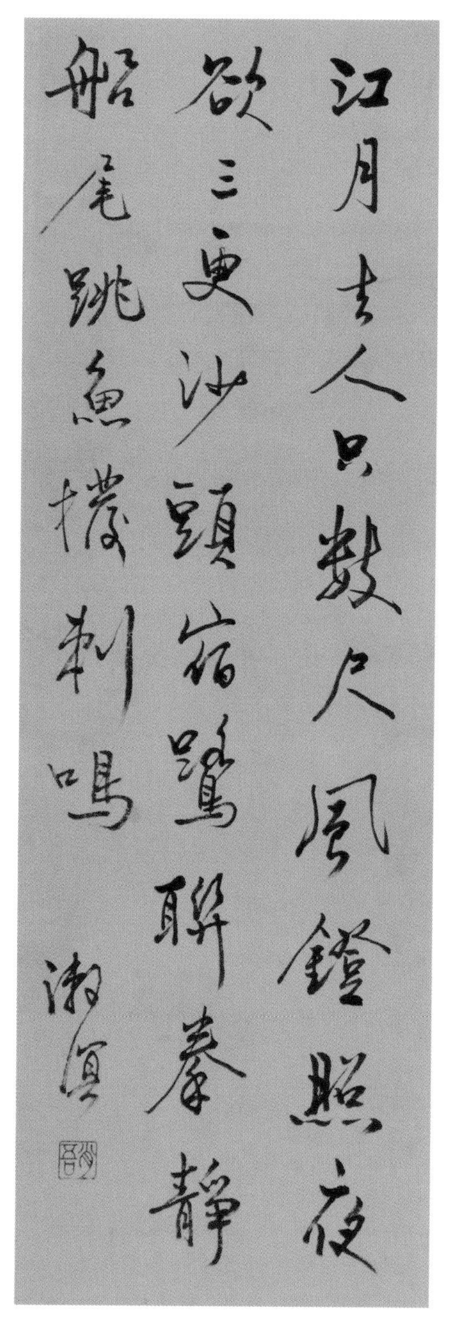


梁漱溟(1893—1988),原名焕鼎,字寿铭,广西桂林人,杰出的思想家、教育家和社会活动家,现代新儒学的创始人,可谓一代宗师。他还是一位很有成就的书法家。

老舍书法(138 cm×35 cm)(原装原裱)

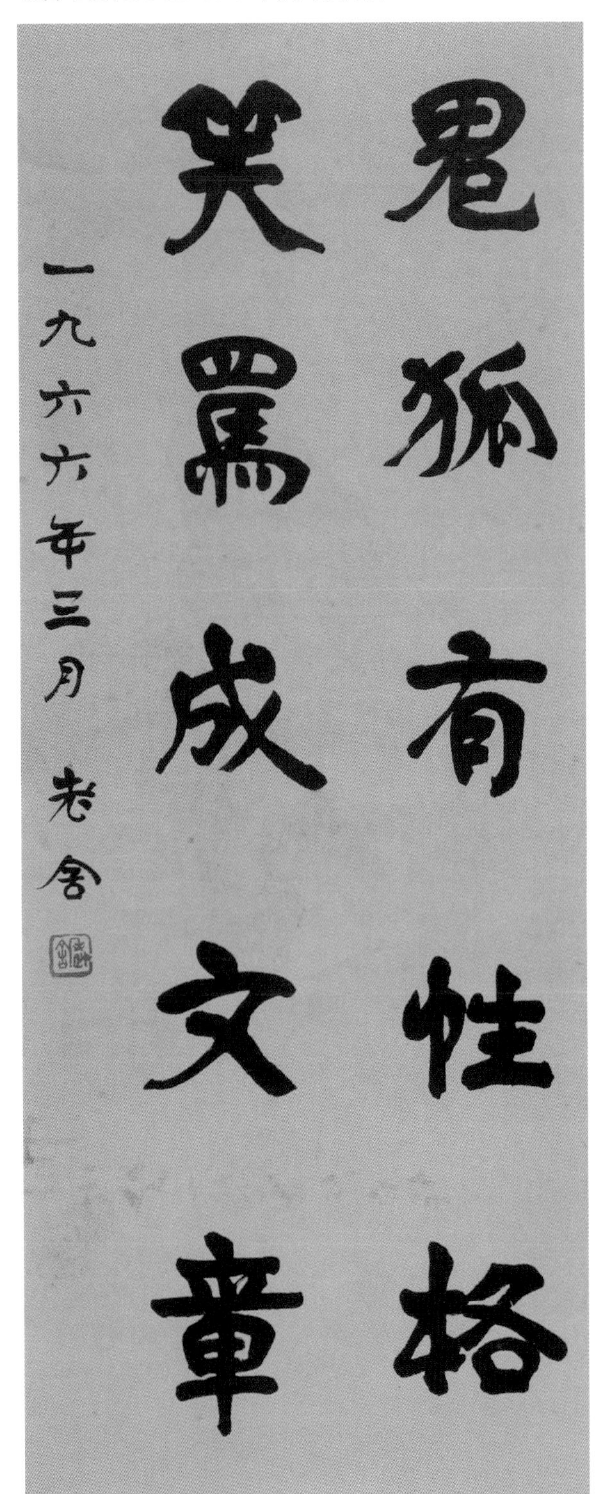


老舍(1899—1966),本名舒庆春,字舍予,笔名老舍(另有笔名絜青、鸿来、非我等)。北京满族正红旗人,中国现代著名小说家、文学家、戏剧家。曾任政务院文教委员会委员、中国文联副主席、中国作家协会副主席兼书记处书记、中国民间文艺研究会副主席、北京市文联主席等职。

梁实秋书法(80 cm×31 cm)

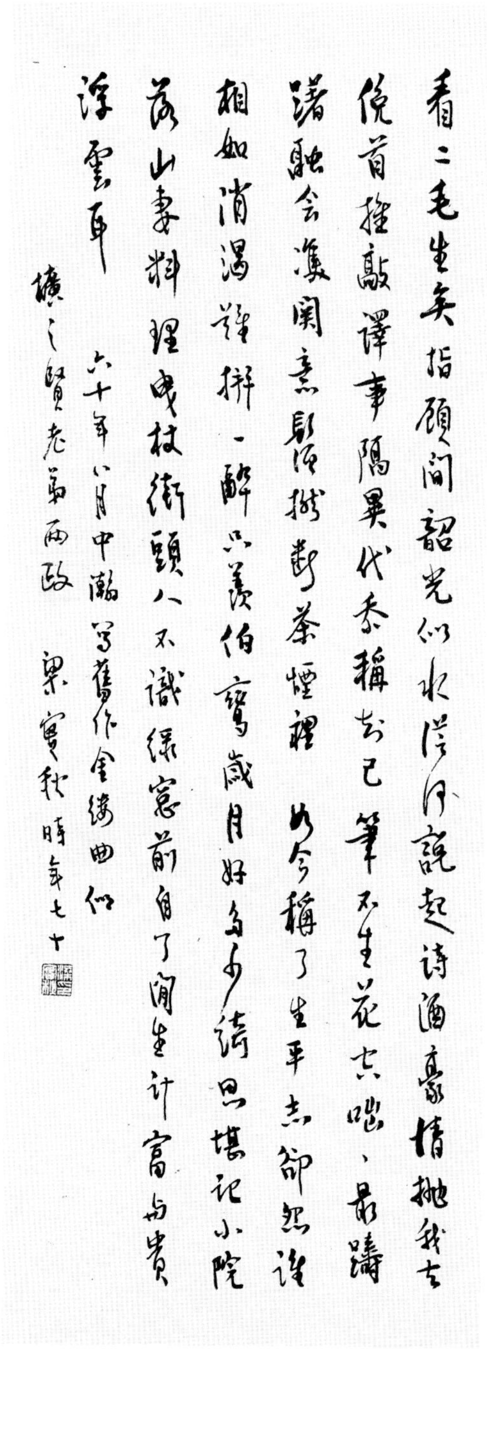

梁实秋(1903—1987),号均默,原名梁治华,字实秋,笔名子佳、秋郎、程淑等,出生于北京,祖籍浙江杭县(今余杭)。中国现代文学史上著名的理论批评家、作家、英国文学史家、文学家、翻译家。国内第一个研究莎士比亚的权威。一生给中国文坛留下了两千多万字的著作,其散文集创造了中国现代散文著作出版的最高纪录。

沈从文书法(68 cm×28 cm)

沈从文书法(70 cm×28 cm)

沈从文(1902—1988),原名沈岳焕,笔名休芸芸、甲辰、上官碧、璇若等,乳名茂林,字崇文。湖南凤凰县人。是现代著名作家、历史文物研究家、京派小说代表人物。他不但是一代文学宗师,还是一位知名的书法大家,他的章草是在书法界出了名的。1924年开始文学创作,抗战爆发后到西南联大任教,1931—1933年在山东大学任教。1988年已评定获诺贝尔文学奖,但不幸因去世而被取消。

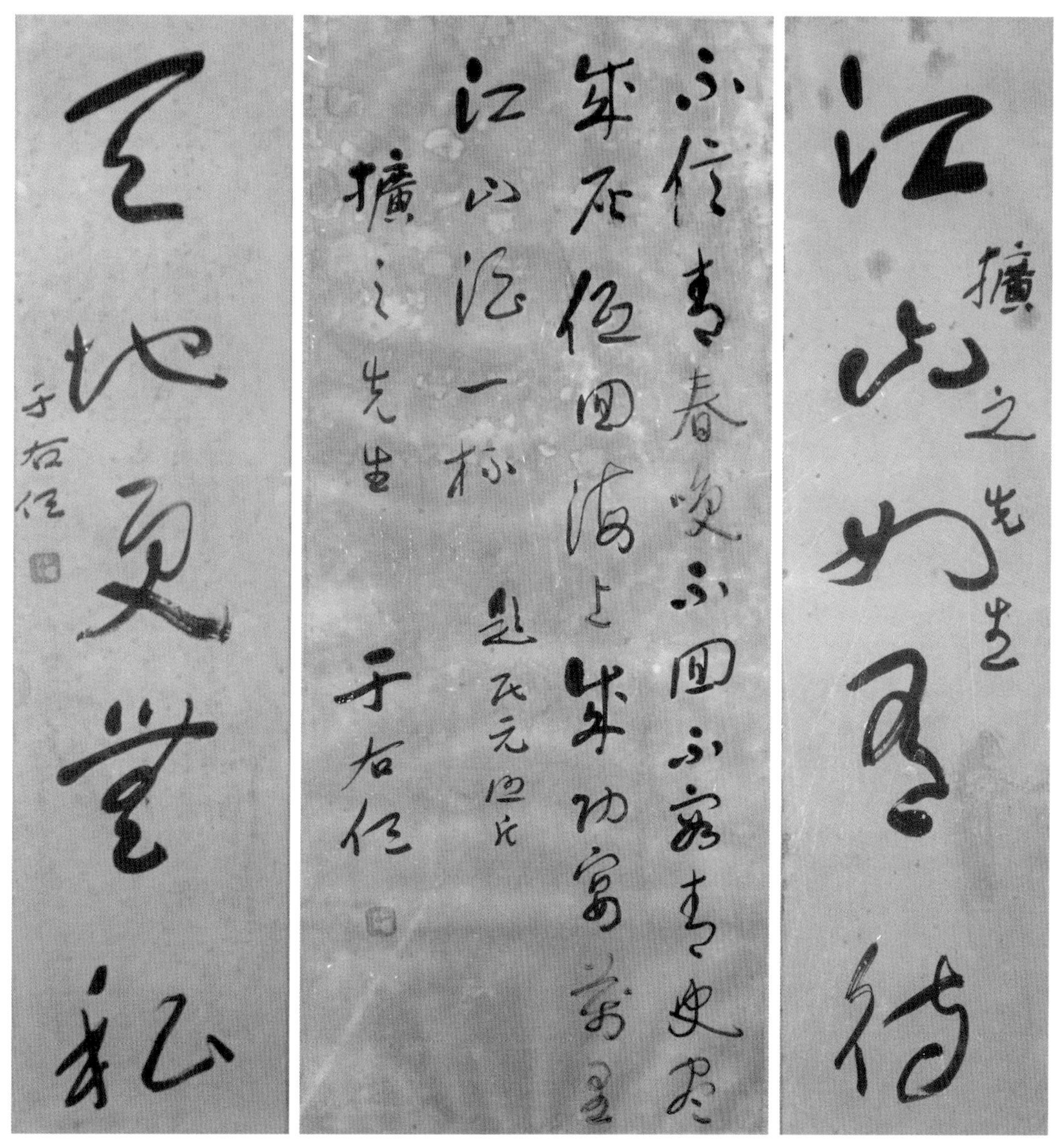

于右任(1879—1964),汉族,陕西三原人,祖籍泾阳,是我国近代著名政治家、教育家、书法家。原名伯循,字诱人,尔后以“诱人”谐音“右任”为名;别署“骚心”“髯翁”,晚年自号“太平老人”。于右任是中国近代书法史上的书法艺术大家,尤擅魏碑与行书、章草结合的行草书,首创“于右任标准草书”,被誉为“当代草圣”“近代书圣”“中国书法史三个里程碑之一”(另外二位为王羲之、颜真卿)。

上图为于右任真迹书法一堂(原装原裱)。此堂是于右任为张扩之将军写的自作诗“不信青春唤不回,不容青史尽成灰,低回海上成功宴,万里江山酒一杯”,加对联“江山如有待,天地更无私”,为台湾回流作品;原装原裱,连镜框都是原配。大半个世纪都悬挂在台湾张扩之将军家中客厅。时光流逝,物是人非。文物承传代有其人。

满人儒朴满汉书法(66 cm×35 cm)(原装原裱)

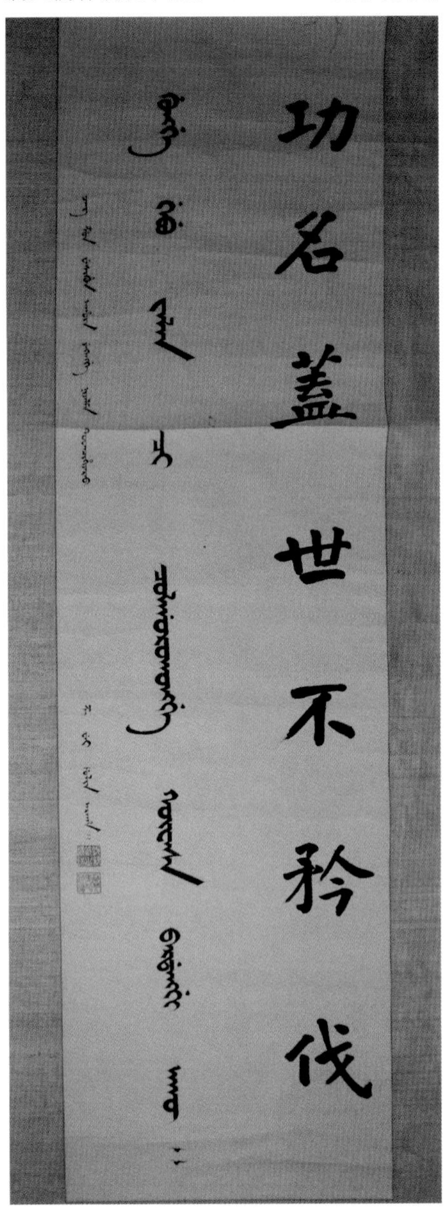


两枚闲章:悦亲戚之情话;乐琴书以消忧。十分精致。

丁二仲书法(73 cm×38 cm)

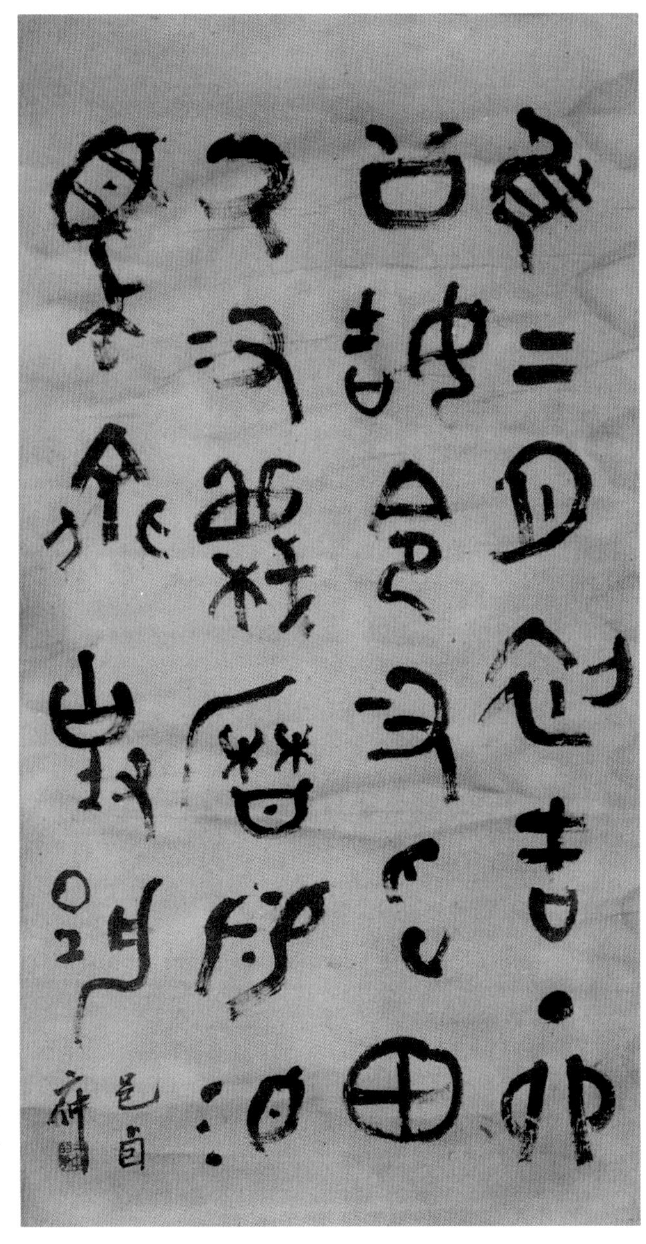

丁二仲(1868—1935),原名尚庚,亦作上庚,艺作均署二仲,遂以此行。祖籍浙江绍兴。二仲既曾习篆,又谙雕镂之技,以篆刻名噪一时。人誉之者,以为奔放奇崛,苍劲浑穆,异态新姿,前所罕见。50年代初,邓散木先生曾撰《齐白石与丁二仲》一文,自谓一生最佩服之印人有四,除吴缶翁、赵古泥外,乃齐、丁二家。

清代书法家成亲王书法(50 cm×35 cm)

爱新觉罗·永瑆(1752—1823),满族人,清代书家。号少厂,字镜泉,别号诒晋斋主人。清高宗弘历十一子。乾隆间封成亲王。精于书法,曾书《裕陵圣德神功碑》。嘉庆九年上谕称"朕兄成亲王,自幼精专书法,深得古人用笔之意,博涉诸家,兼工各体,数十年临池无间,近日朝臣文字之工书者,罕见其右"。当时颇享盛誉,与翁方纲、刘墉、铁保并称"翁刘成铁"。书名重一时。

陈继昌(1791—1846),清代名臣陈宏谋的玄孙,原名守壑,字莲史,广西临桂人。1813年(清嘉庆十八年),参加广西乡试独占鳌头,中解元。1820年(清嘉庆二十五年),赴京参加会试,再名列第一,中会元;同年举行殿试,又获第一名,中状元。

陈继昌书法(扇面)

溥仪师傅陆润庠书法对联(原装原裱)

陆润庠(1841—1915),字凤石,号云洒、固叟,元和(今江苏苏州)人。同治十三年(1874)状元,成为大清王朝第一百零一名状元。历任山东学政、国子监祭酒。官至太保、东阁大学士、体仁阁大学士。宣统三年(1911)皇族内阁成立时,任弼德院院长。辛亥后,留清宫,任溥仪老师。民国四年卒,赠太子太傅,谥文端。其书法清华朗润,意近欧、虞。馆阁气息较浓,讲究光黑精丽,匀圆丰满。现故宫内布置或留存陆润庠书法不少。

华岩小册页(33 cm×33 cm)×3(原装原裱)

华岩(1682—1756),一作华嵒,字德嵩,更字秋岳,号新罗山人、东园生、布衣生、白沙道人、离垢居士等,老年自喻"飘篷者",福建上杭白砂里人,后寓杭州。工画人物、山水、花鸟、草虫,脱去时习,力追古法,写动物尤佳。善书,能诗,时称"三绝",为清代杰出绘画大家,扬州画派的代表人物之一。

改琦仕女代表作(89 cm×37 cm)(原装原裱)

任瑾国画(32 cm×30 cm)(原装原裱)

任瑾(1881—1936),字堇叔,绍兴人,任伯年之子,写山水专师宋人,不轻与人做。海派著名画家。

改琦(1773—1828),字伯韫,号香白,又号七芗、玉壶山人、玉壶外史、玉壶仙叟等。回族,松江(今上海市)人,宗法华岩。改琦是清代中晚期著名的人物画家之一,喜用兰叶描,仕女衣纹细秀,树石背景简逸,造型纤细,敷色清雅,创立了仕女画新的体格,时人称为“改派”。他的仕女画作,继承唐宋以来的优良传统,特别是吸取明代仇英蕴藉雅逸的特色,“落墨洁净,设色妍雅”,形成了自己仕女画造型纤细清瘦、姿容文雅,线条飘逸简适,勾画精微,笔墨舒展的独特风格。

吴昌硕山水人物画(107 cm×40 cm)

吴昌硕(1844—1927),原名俊,字昌硕,别号缶庐、苦铁等,又署仓石、苍石,多别号,常见者有仓硕、老苍、老缶、苦铁、大聋、石尊者等。汉族,浙江安吉人。我国近现代书画艺术发展过渡时期的关键人物,"诗、书、画、印"四绝的一代宗师,晚清民国时期著名国画家、书法家、篆刻家,与任伯年、赵之谦、虚谷齐名为"清末海派四大家"。

左图为吴昌硕山水人物画。得自北京荣宝艺术品拍卖会(2011-03-18,第70期)。立轴,水墨纸本,原装原裱。断代:1916年作。钤印:吴昌石、吴俊之印款识:扁舟一棹归何处,家在江南黄叶村,师石谷子笔意放而为之,未计工拙耳。老缶昌硕年七十二。

倪田山水人物画(117 cm×38 cm)×4

倪田(1855—1919),初名宝田,字墨畊,别署墨畊父,号墨道人、墨翁,又号璧月盦主,江苏江都人。初从师王素得华岩法,后改学任伯年画法,是任派的重要传人之一,有“今之学任颐者皆倪田别派”之说。其画在上海擅胜一时。为近代六十名家之一。

赵叔孺扇面(原装原裱)

赵叔孺(1874—1945),浙江鄞县(今浙江宁波)人。原名润祥,字献忱、叔孺,后易名时棡,号纫苌,晚年自号二弩老人,以叔孺行世。金石书画、花卉虫草、鞍马翎毛,无不精擅,尤擅画马,可称“近世之赵孟𫖯”。清末即与吴昌硕齐名,又与黄士陵、齐白石、王福和并开“民国印坛五大流派”。如今他的作品已是不可多得的珍品。

马家桐作品(40 cm×30 cm)(原装原裱)

马家桐(1865—1937),天津人,字景韩,又作景含、井繁、醒凡,别署耿轩主人、橄澹居士、乐思居士、厢东居士、百印庐主等。因得一枚印文为“佳同”的汉印,于是更名为家桐。擅画花鸟、山水,间作人物及佛像。清同治、光绪年间“津门画家四子”之一,其书画享誉京津。难得的是该小品字、画、印一应俱全。

余绍宋国画(68 cm×46 cm)(原装原裱)

余绍宋(1882—1949),浙江龙游人。字越园,别署寒柯。家学渊远,民国期间曾任浙江省文献委员会主任,亦曾任北京法政学校、北京美专校长。善作诗书画,精鉴赏。

袁克文花鸟画(100 cm×50 cm)(原装原裱)

袁克文(1889—1931),字豹岑,别署寒云,中国河南项城人,袁世凯的次子,被称为民国四公子之一。爱好藏书和古玩,精于鉴赏,字写得很好,三杯酒下肚,写起字来纵横驰骋,豪情奔放,大有苏东坡之风。山东督办张宗昌请他写了一幅中堂,价码是1 000元银洋。

溥儒国画(30 cm×23 cm)×3(原装原裱)

溥儒(1895—1963),字心(佘),又号羲皇上人、西山逸士。画款识:心畬。印:旧王孙(朱)、溥儒之印(白)、一壶之中(朱)、溥儒(朱)。满族,是道光皇帝第六子亲王的次孙。

溥儒自幼饱学,留学柏林大学,学习天文和生物,获得博士学位,他也精通经史和书画,回国后隐居戒台寺10年,从此专事绘画,以卖书画自食其力。

溥儒为现代国画大师,30年代中期与张大千齐名,以他们的山水画成就分峙南北画坛,被誉为“南张北溥”。

在北京,溥儒的山水画则被推崇是“国画北派青绿山水正宗首座”。又与吴湖帆并称“南吴北溥”。后移居台湾,与张大千、黄君璧三人,成为岛上画坛中的三座大山,影响巨大。

## 二、当代名人、名家书画真迹

林散之的画与金石

林散之的字无人不晓，但林散之的画与金石却是稀世珍宝。林散之早年也曾学治印、绘画，右图为林散之自己刻制的多枚印章，左图则为其山水画。该册页是他儿子林筱之先生从书堆里无意发现的，并题款为证。

陈大羽花鸟画(68 cm×50 cm)

鉴定大师徐纯源鉴定为陈大羽先生早年的作品。70年代的老宣纸、矿物颜料。

殷梓湘花鸟画(66 cm×34 cm)×2

殷梓湘(1909—1984),名锡梁,字梓湘,又字子骧,号青照楼主,室名青照楼,江苏淮安人。工画山水、人物,笔墨清雅,元气淋漓,远追唐宋。精研六法,山水人物远追唐宋元明,20世纪40年代以画马闻名于世。为海上名家之一。

黄幻吾花鸟画(100 cm×40 cm)

宋玉麟国画小镜片(1平方尺左右)

宋玉麟，宋文治之子，江苏太仓人，自幼在父亲指导下习画，1979年进入江苏省国画院，曾任江苏省国画院副院长，江苏省美术馆馆长。

黄幻吾(1906—1985)，名罕，字幻吾、罕僧，晚年称罕翁，别号欣梦居士、晚之，室名南天楼。岭南画派的著名画家。1936年后多次出国举办个人画展和考察，并在苏州美术专科学校任教。新中国成立后黄幻吾为上海中国画院首批画师。

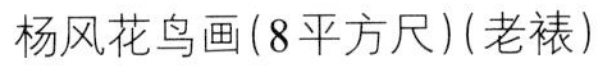

杨风花鸟画(8平方尺)(老裱)

杨风(1915—2000),原名杨述仁,四川省乐山市人,号蜀人,蜀翁。四川省美术家协会会员,中国四川嘉州画院副院长。

本画为1985年杨风为其老师萧龙士100岁所作贺品——大中堂花鸟画,原汁原味。

萧龙士6页画册

萧龙士(1889—1990),原名品一,字翰云,斋名墨趣斋、堂号百寿堂。安徽萧县刘套镇萧屯人。中国现当代杰出的书画艺术家和美术教育家。生前曾任中国美术家协会安徽分会名誉主席、安徽省书画院名誉院长。1925年毕业于上海美专,20世纪40年代师从艺术大师齐白石,与一代大家李可染、李苦禅、许麟庐先生情逾手足。成就斐然。

蒋风白花鸟画(54 cm×41 cm)

蒋风白(1915— ),著名花鸟画家、教育家,原名鸿逵,生于江苏武进县。1932年入国立杭州艺专受业于潘天寿先生门下。曾任教于四川国立艺专,曾任苏州工艺美术学校高级讲师、中国美术学院客座教授。蒋风白先生擅长意笔花鸟画,尤以水墨兰竹著称中外。

梅兰芳在日本京都的写生(66 cm×34 cm)

梅兰芳(1894—1961),名澜,又名鹤鸣,乳名裙姊,字畹华,别署缀玉轩主人,艺名兰芳。祖籍江苏泰州,生于北京的一个梨园世家。梅兰芳是杰出的京昆旦行演员,“四大名旦”之首;同时也是享有国际盛誉的表演艺术大师,其表演被推为“世界三大表演体系”之一。抗战期间蓄须明志,拒绝演出,靠写字卖画为生。

任重仿古画(42 cm×42 cm)

任重是1976年出生的年轻一代画家,资质过人,于设色之道尤有心得,所有作品别裁色正六法通备,是不可多得的天才画家。他的画无一草率,件件精心,画价居高不下。尤其是他的高士系列作品造诣颇高,为藏家重视,藏界有谓张大千第二,实堪期待!

任重花鸟画(60 cm×44 cm)

朱奎山水画(158 cm×43 cm)

傅又新花鸟画(98 cm×43 cm)

傅又新,1947年生于南京。现为国家一级美术师,中国美术家协会会员,南京应天画院院长,南京博物院特约研究员,中国书法美术家协会副主席。

朱奎,1943年出生,国家一级美术师,享受国务院津贴。朱奎祖籍江西婺源,擅长中国山水画。1960年毕业于南京师范大学美术系,师从陈之佛、傅抱石、杨建侯等教授,并得亚明教诲。曾任江苏省美术馆馆长。

奚振明山水画(69 cm×45 cm)

奚振明山水画(68 cm×45 cm)

奚振明,生于1955年,江苏常熟人,现为中国国际书画艺术研究院终身画家。2006年加入南京芳草园书画院并被聘为专业画家、2006年被聘为金陵画院高级美术师、2006年加入中国书画艺术家协会。

徐建明山水画(68 cm×68 cm)

徐建明，1954年10月生，江苏吴县人。1978年考入南京艺术学院，成为张文俊教授的山水画研究生。系统研究中国画，毕业后留校任教。曾任该院美术学院教授、南京艺术学院硕士生导师，副院长。

魏诗煌花鸟画(68 cm×68 cm)

魏诗煌，1947年生于南京。自幼喜爱国画、书法、印章艺术，主攻画猫，苦心研习画猫技巧，力求形准而传神，常以工笔画猫，配以写意花鸟虫鱼背景，力图形成一种工写结合的表现风格。2007年在南京成功举办“魏诗煌画猫作品展”，有“金陵第一猫”之誉。

魏诗煌花鸟画(138 cm×68 cm)×2

吕根平花鸟画(70 cm×44 cm)

吕根平,1960年出生于南京。师承黄纯尧、张尔宾、葛介屏、邵希平诸先生。中国书画家协会理事。

姚江进，国家一级美术师。1965年生于南京，毕业于南京艺术学院中国画研究生班，现为中国书画研究会会长、书画鉴定委员会副主任、中国古陶瓷研究会副会长、中国书画艺术研究会江苏分会副主席、南唐画院院长等。其画作“江南丽人”庄重典雅、静穆含蓄、古意盎然而又时风荡漾。姚江进所绘的“江南丽人”笔墨所指所摄，为中国废除帝制后，江南地区的“靓女”“美眉”。他的画面，绝不去重复清代改琦、费丹旭等“削肩、束腰”那种弱不禁风的病态美的仕女状态，艺术鼠标只是点击在民国那个特殊的年代，专写江南美女们守于闺阁的那种若有所思、若有所悟、若有所乐、若有所愁的种种情状，立意于宁静致远，淡淡然，悠悠然，寻寻然，觅觅然。构图简约，画面清丽，蕴藉婉约，别有情韵。

姚江进“江南丽人”画

原石全部满足林振山教授所提出的上品
不退货。

江南丽人

张雷静物花卉油画(120 cm×80 cm)

张雷,笔名“古来人”,号“东方毕加索”、“中国凡·高”。1969年生于江苏。中国美术艺术家协会副主席、中国书法艺术家协会副主席,沈鹏先生称其“画坛巨子、旷世奇才”,文怀沙先生称其为“千年一怪、东方毕加索”。

费新我书信(43 cm×23 cm)

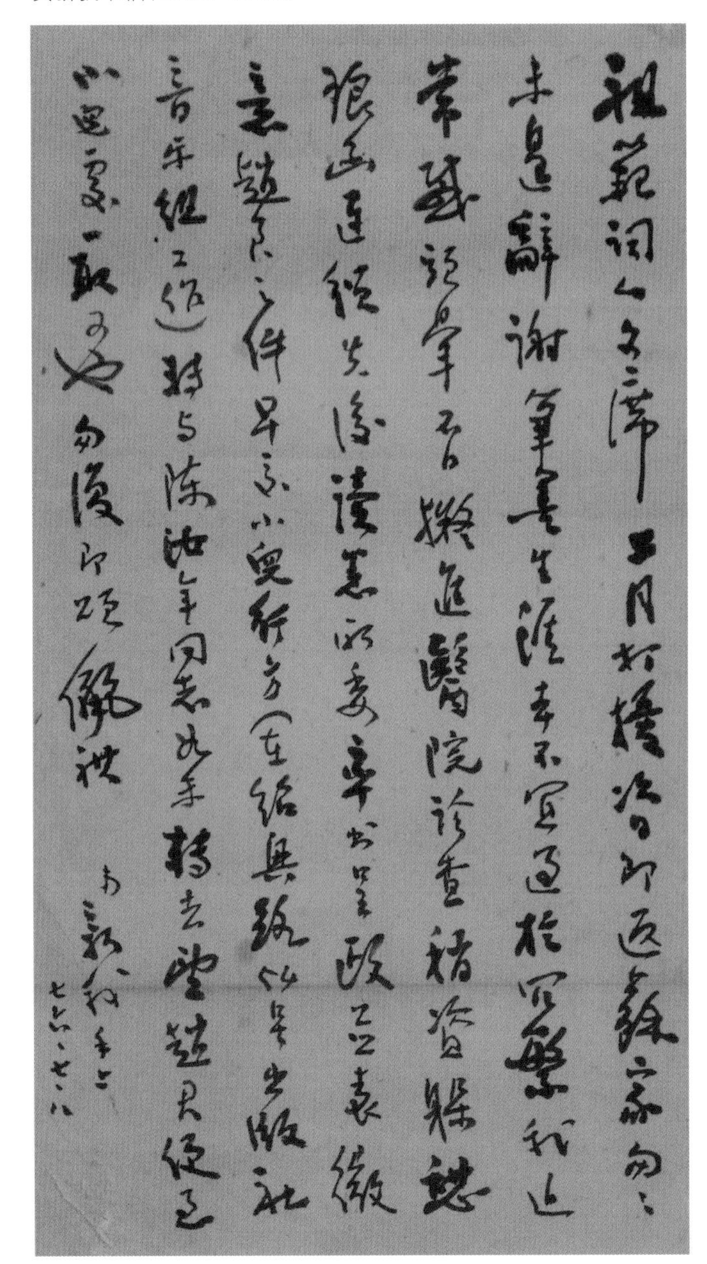

费新我(1903—1992),学名思恩,字省吾,别名立千、立斋,后改名新我,浙江湖州人。擅长中国画、书法。历任上海万叶书店编辑室美术编辑、江苏省国画院一级画师、中国美术家协会会员、中国书法家协会理事、书协江苏分会顾问、苏州市武术协会名誉主席、湖州书画院名誉院长等。

启骧书法(68 cm×45 cm)

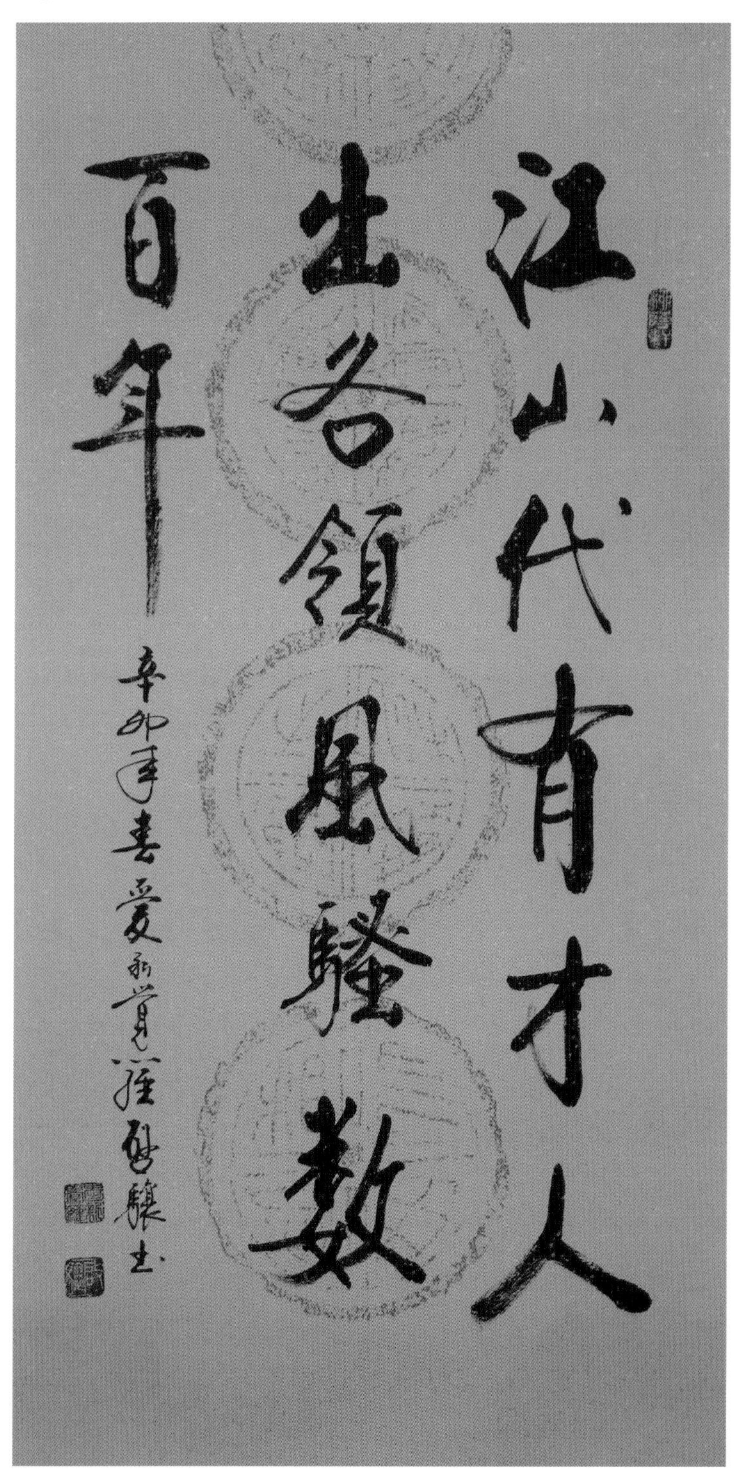


爱新觉罗· 启骧,清雍正皇帝第九代孙,自幼受家庭熏陶学习书法,长大后师从兄长启功,潜心学习启功的书法精髓和要领,多年来研究中国传统书法,并在此基础之上继承发展,整理出一套学习中国传统书法的方法和理论。

刘如生书法(35 cm×112 cm)

刘如生,字六如,号云海漫士,祖籍天津。1937年出生于南京东郊灵山脚下。1958年考入北京中央戏剧学院美术系,以优异的成绩毕业并留北京工作。退休后被聘为南京老年书画院副院长、句容市书画院名誉院长、南京六朝书画院院长。

刘俊川书法(43 cm×138 cm)

刘俊川,1914年生于安徽宿州,号鹤山老人、艺林居主。老一辈杰出的书法艺术实践家、著名的北碑巨手。生前为江苏省文史研究馆馆员、江苏省江南诗书画院副院长、中国书法家协会会员。

王永良书法（135 cm×31 cm）

王永良书法（138 cm×50 cm）

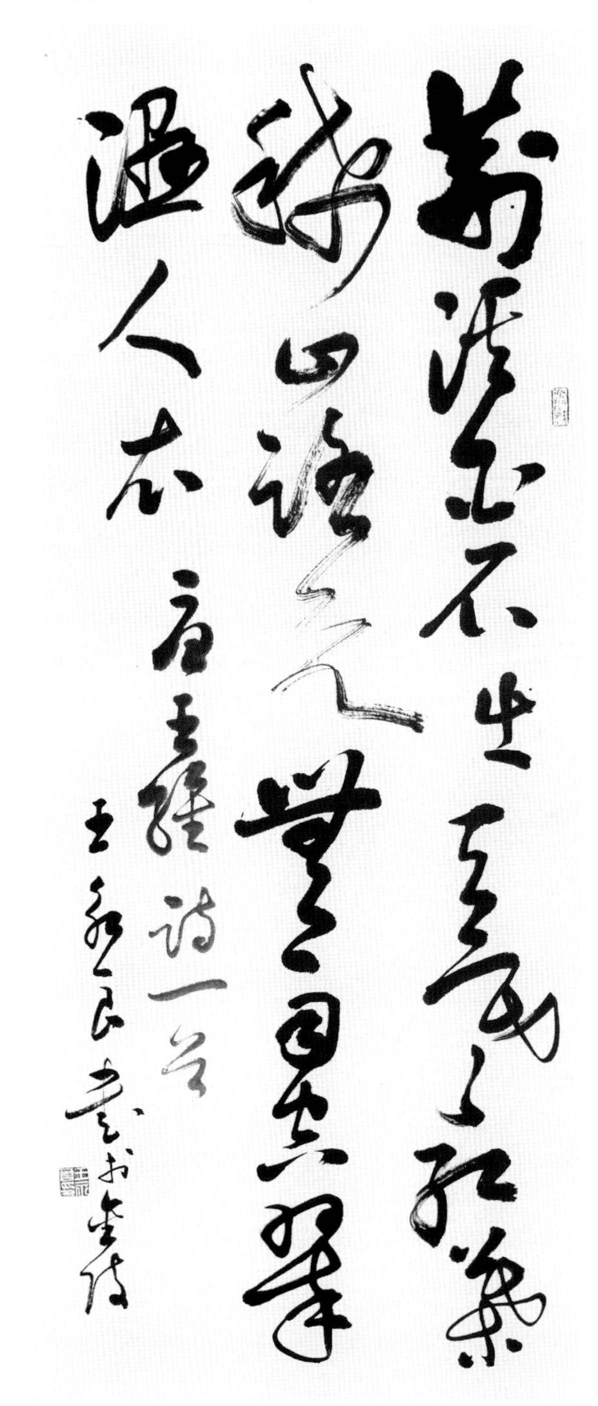

王永良，别署小桥村民，1958年生于上海宝山，国家一级美术师，现为中国书画研究会副会长，中国民主促进会会员、南唐画院副院长。

黄惇书法（86 cm×20 cm）

黄惇，别署风斋，南京艺术学院美术系教授，博士生导师，1947年3月生于江苏太仓，祖籍扬州。1982年考入南京艺术学院美术系，师从陈大羽教授攻读硕士学位。1985年6月获文学硕士，毕业后留校。现为中国书法家协会学术委员会委员、中国书法家协会篆刻艺术委员会委员、全国中青年书法篆刻展评审委员、全国篆刻艺术展评委。

启功书法（44 cm×30 cm）

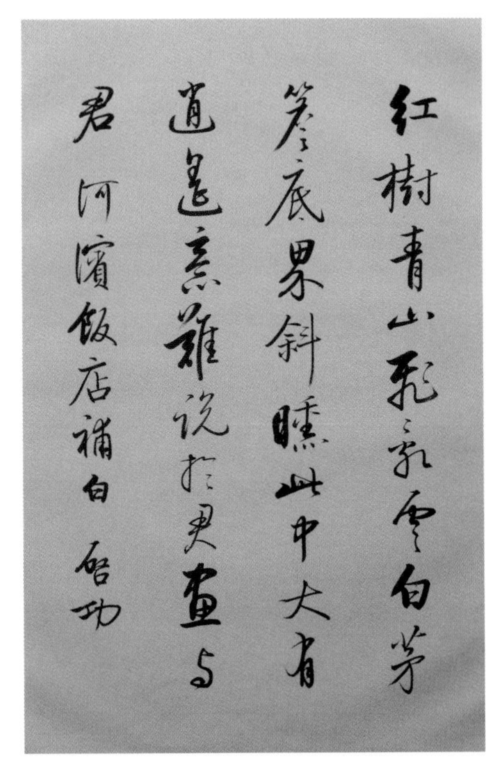

启功书法，来自镇江市河滨饭店当年开业的来宾题词留言本，原装本。从原装本子、特定地点、特定饭店和特定的题词内容来看，为真品无疑。没有盖章虽为遗憾，但更能说明为正品，因为假品者必盖章，为所谓的“保真”而不敢不盖章的。该书法是标准的启功体！

当代书法大师白蕉书法(原装订)

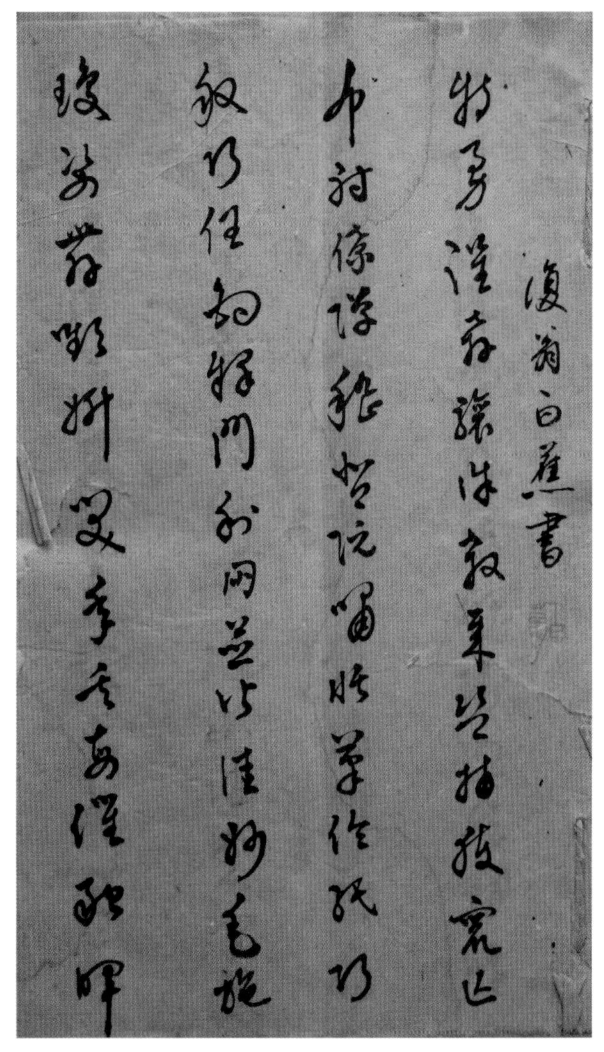

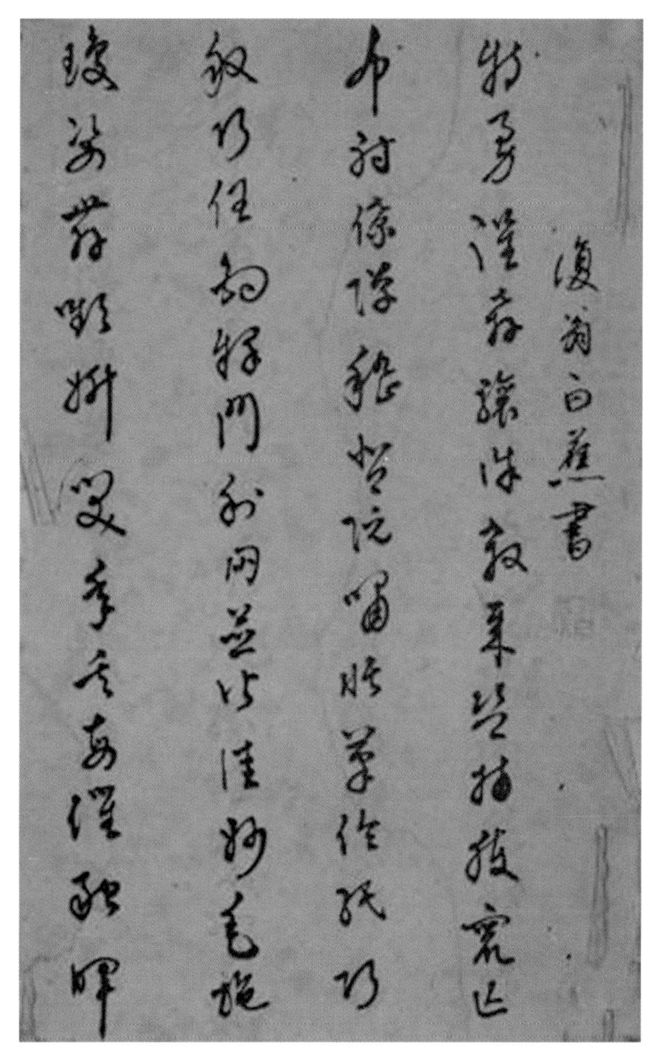

白蕉(1907—1969),上海金山人。本姓何,名馥,字远香,号旭如,又署复翁、复生、济庐等,别署云间居士、仇纸恩墨废寝忘食人等。曾为上海美协会员、上海中国书法篆刻研究会会员、上海中国画院书画师。出身于书香门第,才情横溢,为海上才子,诗书画印皆允称一代,但生性散澹自然,不慕名利。书法以“二王”为宗,兼取欧、虞诸家,沙孟海《白蕉题兰杂稿卷跋》云:“白蕉先生题兰杂稿长卷,行草相间,寝馈山阴,深见功夫。造次颠沛,驰不失范。三百年来能为此者寥寥数人。”曾主编《人文月刊》,著有《云间谈艺录》《济庐诗词稿》《客去录》《书法十讲》《书法学习讲话》等。

白蕉作品艺术特色:其书法在用笔结体章法上也是非常自然、非常轻松。能自然已不易,能轻松更不易。近世书家中能同达自然而轻松的也只有于右任、黄宾虹、谢无量等几人。白蕉先生的书法明快清新、澹净古雅,而又不显孱弱单薄。非常鲜活地展现了晋韵及唐法。从明清到现代,许多“大家”像巨人一样在地面上高视阔步,但在晋韵、唐法这两座大山前表现出来的依然是迷茫、徘徊乃至顾此失彼,而白蕉则在晴朗的天空下信步于这两座山的峰巅。

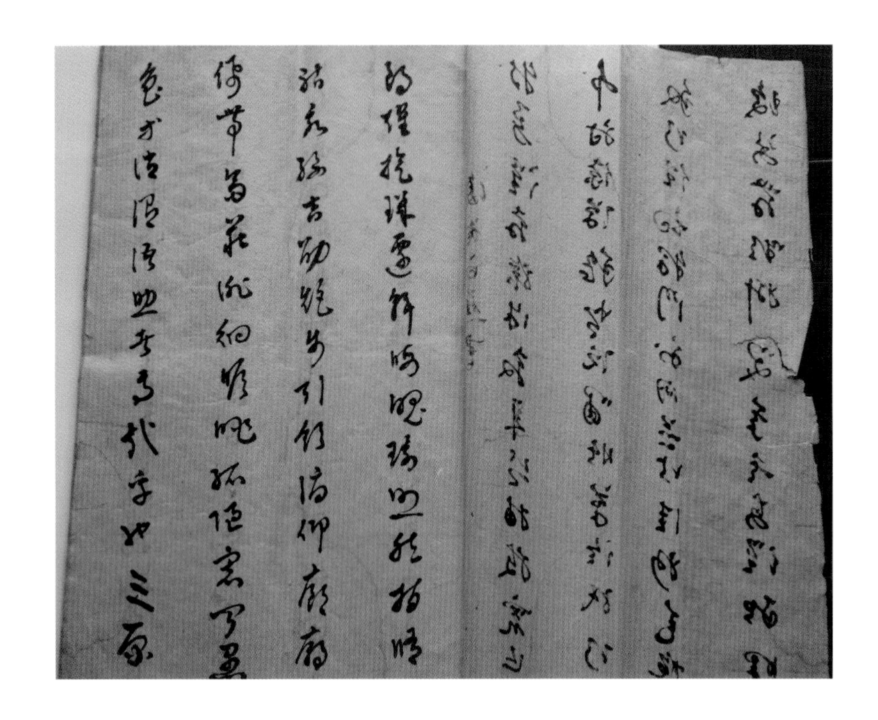

白蕉手卷原本40页(36 cm×25 cm),整本原装保存完好,边缘有些破损,但不影响手卷质量,原汁原味。

## 三、南师大当代大师书画真迹

徐培晨花鸟画(8平尺)

徐培晨,南京师范大学美术学院教授,别名沛人,1951年9月生,江苏沛县人,1967年毕业于南京师范学院美术系。现为中国美术家协会会员,江苏省花鸟研究会会长,江苏省徐悲鸿研究会研究员,东方画院高级画师,中国美术大学特聘书画鉴定师。中国画、山水、人物、花鸟俱佳,尤精丹青猿猴,有“金陵徐猿猴”“东方猴王”之美誉。作品多次在全国性画展获金奖和第一名,党和国家领导人及中共中央办公厅、中南海、人民大会堂、国家文化部美术馆、博物馆等收藏其力作。

徐培晨花鸟画(8平尺)

徐培晨花鸟画(18平尺)

徐培晨花鸟画(8平尺)

徐培晨花鸟画(8平尺)

徐培晨花鸟画(18平尺)
(题赠林振山款)

徐培晨花鸟画(8平尺)

刘赦的山水画(镜片)(50 cm×40 cm)

刘赦,1960年4月出生于湖北麻城。1987年毕业于南京艺术学院美术系中国画专业,善工笔人物画,兼攻山水。2009年12月始任南京师范大学美术学院院长,博士生导师。

雪翁(陈之佛)的花鸟画(41 cm×40 cm)(原装原裱)

陈之佛(1896—1962),字雪翁。浙江余姚县人。我国著名工笔花鸟画家、美术教育家和工艺美术史家。1915年在浙江甲种工业学校毕业,1918年赴日本东京美术学校学习工艺图案。回国后任上海美专、中央大学教授,国立艺专校长。1949年后任南京师范学院美术系系主任、南京艺术学院副院长。

陈仲明书法(8平尺)

陈仲明,号听雨斋主、若水庐主、思雅斋主。祖籍江苏泰兴。书法教授、著名学者型实力书法家。其书法兼善诸体,以行草见长。其作品雄浑厚重中见深沉,高雅超逸中见清远。

范保文的山水画(8平尺)

范保文(1935—2009),曾任南京师范大学美术学院教授,硕士研究生导师,江苏省美术家协会副主席,江苏省徐悲鸿研究会会长。1958年毕业于南京师范学院美术系(现南京师范大学美术学院),后留校执教,曾任该系系主任。生前享受国家特殊津贴。

尉天池的书法(4平尺)

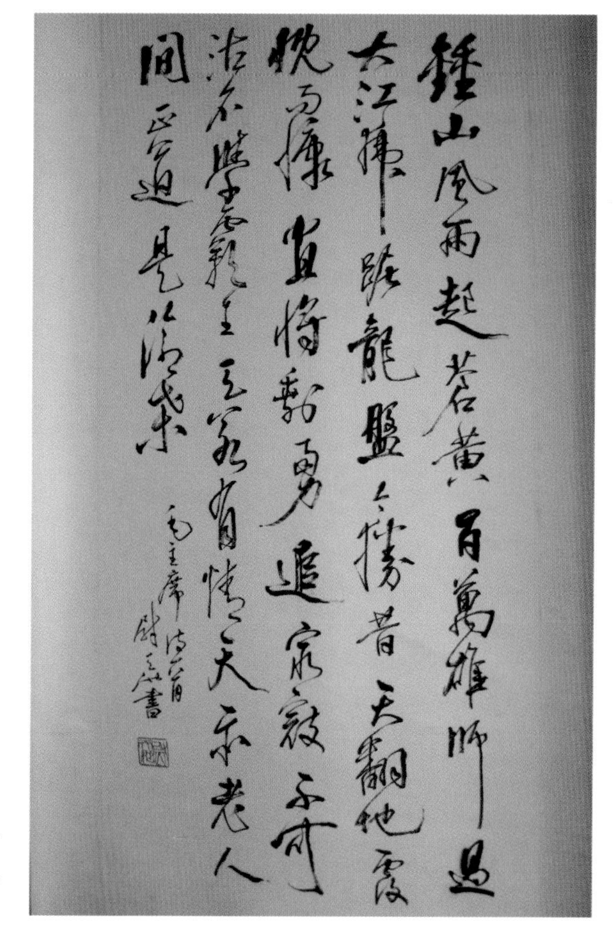

尉天池,1936年4月生,安徽省砀山县人。曾任南京师范大美术系系主任。于1986年4月晋升为我国第一位书法教授。同年,任日本文部省特聘书法教授、书画委员会会长,中国标准草书学社社长、江苏省书法家协会主席等职。

范杨，1955年1月生于香港，祖籍江苏省南通市。1972年进入南通工艺美术研究所，研习传统民间艺术。1978年入南京师范大学美术系学习，1982年毕业后留校任教。曾任两届南京师范大学美术学院院长，教授、博士生导师。现已调入中国画研究院为中国国家画院副院长。擅长中国画，工写兼备，作风淳厚，意味纯正。作品多次参加海内外各级大型展览，多家专业刊物曾作专题介绍。2008年范杨被中国艺术投资研究院、中国美术香港研究会、中国画家画廊评为“年度最具收藏价值百名中国画家”，2013年进入全国前20名。2012年2月初与其叔范曾先生共同在荣宝斋办画展，而他的画已涨至10万/平尺。所有的画当日即售罄。

范杨 红衣罗汉(6平尺)

2011年11月7日在范杨先生的南京公寓取得，6平尺。此画为范的典型风格的极品，范杨先生自己欣赏得不得了，认为“其滞重、厚朴与力量的完美结合当为天下第一！”

范杨红衣罗汉(8平尺)

2012年3月11日中午1点在北京某饭店取得。

范杨红衣罗汉(8平尺)

2012年7月3日下午4点在北京万寿寺路121号万寿寺范杨先生的会所内取得。